给忙碌青少年讲太空漫游

从太阳中心到未知边缘

[英]《新科学家》杂志 编著

冯翀 谢利智 译

天津出版传媒集团

天津科学技术出版社

著作权合同登记号：图字 02-2020-390

图书在版编目（CIP）数据

给忙碌青少年讲太空漫游：从太阳中心到未知边缘 /
英国《新科学家》杂志编著；冯翀，谢利智译. -- 天津：
天津科学技术出版社，2021.5（2024.6重印）
书名原文：A Journey Through the Universe
ISBN 978-7-5576-8976-6

Ⅰ.①给… Ⅱ.①英… ②冯… ③谢… Ⅲ.①宇宙 -
青少年读物 Ⅳ.①P159-49

中国版本图书馆CIP数据核字(2021)第062787号

给忙碌青少年讲太空漫游：从太阳中心到未知边缘
GEI MANGLU QINGSHAONIAN JIANG TAIKONG MANYOU:
CONG TAIYANG ZHONGXIN DAO WEIZHI BIANYUAN

选题策划：联合天际

责任编辑：布亚楠

出　　版：天津出版传媒集团
　　　　　天津科学技术出版社

地　　址：天津市西康路35号

邮　　编：300051

电　　话：（022）23332695

网　　址：www.tjkjcbs.com.cn

发　　行：未读（天津）文化传媒有限公司

印　　刷：天津联城印刷有限公司

开本 710×1000　1/16　印张13.5　字数141 000
2024年6月第1版第3次印刷
定价：58.00元

关注未读好书

客服咨询

系列介绍

关于有些主题，我们每个人都希望了解更多，对此，《新科学家》(*New Scientist*)的这一系列书籍能给我们以启发和引导，这些主题具有挑战性，涉及探究性思维，为我们打开深入理解周围世界的大门。好奇的读者想知道事物的运作方式和原因，毫无疑问，这系列书籍将是很好的切入点，既有权威性，又浅显易懂。请大家关注本系列中的其他书籍：

《给忙碌青少年讲人工智能：会思考的机器和 AI 时代》

《给忙碌青少年讲生命进化：从达尔文进化论到当代基因科学》

《给忙碌青少年讲脑科学：破解人类意识之谜》

《给忙碌青少年讲粒子物理：揭开万物存在的奥秘》

《给忙碌青少年讲地球科学：重新认识生命家园》

《给忙碌青少年讲数学之美：发现数字与生活的神奇关联》

《给忙碌青少年讲人类起源：700 万年人类进化简史》

撰稿人

编辑：斯蒂芬·巴特斯比（Stephen Battersby），物理学作家、《新科学家》杂志顾问。

系列编辑：艾莉森·乔治（Alison George），《新科学家》"即时专家"系列编辑。

专家编辑：杰里米·韦伯（Jeremy Webb）

作者：

雅各布·阿伦、阿尼尔·阿纳塔斯瓦米、斯蒂芬·巴特斯比、艾米丽·本森、瑞贝卡·波易、马库斯·肖恩、斯塔克·克拉克、安迪·克兰、瑞秋·库特兰、利亚·克恩、肯·克罗斯威尔、莎拉·克鲁达斯、佩德罗·费雷拉、威尔·盖特、康纳·吉尔因、丽莎·格罗斯曼、亚当·哈德哈兹、爱丽丝·海兹顿、奈杰尔·亨贝斯特、哈尔·霍德森、罗文·霍珀、亚当·曼恩、达纳·麦肯兹、麦琪·麦基、米卡·麦金农、黑兹尔·缪尔、肖恩·奥尼尔、香农·帕鲁斯、阿威亚·鲁特金、格林特·西林、莎拉·斯科尔斯、大卫·石卡、麦克·斯乐扎卡、乔莎·斯科乐、科林·斯特哈特、理查德·韦伯、切尔西·怀特、山姆·王、艾林·伍德沃德。

前言

　　这是一趟飞向宇宙的旅程。让我们登上设计先进的航天飞船，去走访可观测宇宙中的精彩景点。先从太阳系中数百个光怪陆离的世界身旁穿梭而过；然后进入银河系，看看沸腾不止的恒星和奇异的系外行星；接着穿过神秘的星际空间，飞向遥远的河外星系，看看那些星系中心闪耀的巨大黑洞；最后再飞向更遥远的地方，看看正在爆炸和碰撞的恒星，我们能看到的一些最遥远的星光便是拜它们所赐。为了方便，我们的旅程将从很近的地方开始。这个起点处的天体距离我们仅仅 499 光秒，人类从进化出眼睛开始，就注意到它了。

本书编辑

斯蒂芬·巴特斯比

（Stephen Battersby）

目录

❶ 我们的恒星   1

❷ 铁与岩的世界   13

❸ 立于巨人之间   39

❹ 狂野边境   65

❺ 恒星的一生   81

❻ 恒星暮年   99

❼ 亿万颗行星   115

❽ 银河系的奥秘   133

❾ 探索星系   151

❿ 闪光和碰撞   169

结语   181

话题热点   183

名词表   201

1

我们的恒星

作为浩渺宇宙里的一颗普通恒星，太阳主宰着我们的太阳系，是天空中的绝对主角，也与我们的生活息息相关。在太阳的核心，质子正在发生聚变形成氦原子，除了随之产生的热量持续温暖着我们的地球，大量幽灵般的中微子也同时冲向地球。太阳给予我们光和生机，但也能干扰我们地球上的生活。想要避免这种干扰，我们就需要更好地掌握它的磁场奥秘。

最怪的恒星

我们的银河系里有数十亿颗恒星。一些恒星正熠熠生辉,向着超新星演化,而另一些却已暗淡无光。它们或独自出现,或两两相伴;有的周围有行星,有的却没有。为了了解群星,人类不断向着宇宙更深处寻觅,但是最终我们关于恒星所知的一切,却都来自身边的参照点——太阳。

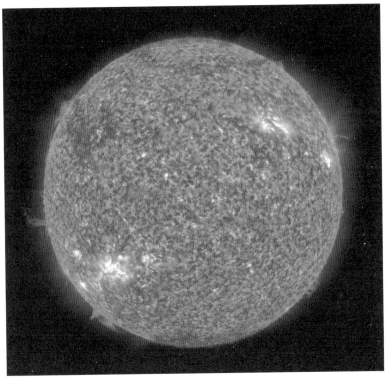

图 1.1　我们熟知的太阳其实是一个神奇的天体,它会下雨,会刮龙卷风,还会抛射等离子体射流

太阳由**等离子体**（电离的气体）构成。它的核心正在源源不断地发生氢聚变反应，辐射出的能量冲向地球，并带来孕育生命的光。从恒星演化的角度来看，太阳现在46亿岁左右，基本是中年阶段了。天文学家预计，大约要50亿年或者更久，太阳就会膨胀成一颗**红巨星**，吞没水星、金星和地球。但是，这颗离我们最近的恒星身上仍有很多未解之谜，各种奇怪的现象激发我们不断去探究。

磁场日历

我们的地球每24小时绕着自转轴自转一圈，每365天绕着太阳运转一周。然而，太阳自己的"日程表"却没这么简单。太阳上不同区域的自转速率各不相同。比如，太阳赤道地区"一天"的持续时间是25个地球日，而靠近南北两极的地区则需要更多天才能自转一周。正是这种不均匀的自转速率导致了太阳磁场的变化。赤道地区磁场的转动会拉拽南北两极的磁场。磁场因此发生卷曲，产生张力，宛如扭转的橡皮筋。最终，磁场会发生断裂并以太阳耀斑或是庞大的等离子体抛射物（也称为日冕物质抛射）的形式释放出能量。

这种太阳活动的周期约为11个地球年，每个周期结束，太阳磁场方向都会掉转，这也形成了太阳自己独特的"日历"。在太阳活动极小期里，太阳耀斑和太阳黑子（太阳表面相对较暗的区域，但磁场非常强）出现得都很少。在太阳活动极大期里，太阳黑子大量爆发，日冕物质抛射也愈加频繁。甚至有时日冕物质抛射还会击中地球，影响人类生产生活，造成地面停电以及卫星损坏等不良后果。

距今最近的一次太阳活动极大期出现在2012—2015年，但却异常平静，是自1755年记录以来最弱的一次。在几年之前，人们还预测说这次太阳活动

极大期来势汹汹，这表明我们对太阳活动周期其实还知之甚少。

吹泡泡

由于太阳存在 11 年的活动周期，所以它吹出的太阳风和辐射出的 X 射线、紫外线和可见光辐射也都会受到周期影响而变化。

地球上驱动气候循环的能量基本全部来源于太阳，太阳提供的能源是其他来源总和的 2500 倍。因此，太阳活动也是过去地球出现温暖和寒冷时期的一部分原因。虽然比不上全球变暖的影响那么大，但现今较弱的太阳活动也的确对出现在北欧、美国的冷冬以及南欧的暖冬有一定的影响。

得益于 2003 年由美国航空航天局（NASA）发射的星载仪器 TIM，我们目前对太阳活动的了解已经愈加详细。TIM 监视着太阳辐射的光谱，并监测着太阳输出能量的微小变动，如此一来，科学家们就能区分造成气候变化的究竟是人类活动的因素还是我们无法控制的那些自然因素。

然而，太阳输出的各种辐射和能量变化不单单会影响我们的自然气候。在太阳活动极小期里，被称为太阳风的带电粒子流会从太阳极区源源不断地高速流出，因此在那一区域也会有更强的压力来推动星际空间中的物质。这同时会使日球层的体积变大，太阳仿佛吹出了一个巨大的带电粒子磁性泡泡，它不仅包围着太阳自身，甚至不断延伸到冥王星之外。在太阳活动极大期里，太阳磁场中的扭转情况会更加严重，所以逃逸出来的太阳风相应变少，于是日球层也会收缩。

太阳雨

我们已经知道太阳会影响地球和太空中的天气，但实际上它也有属于

自己的独特气候。超高温等离子体围绕着太阳构成了日冕，这些等离子体有的会以太阳风的形式流向太空，有的也会以"下雨"的方式落回太阳表面。

虽然地球上的天文学家在40多年前就已经预测到了日冕雨的出现，但现有的望远镜仍然不够强大，我们至今还没能真正目睹这一现象，也没法对它展开研究。在地球上，水汽受热后上升，形成云；当温度下降后，水汽又变回液态，以降雨的形式落回地面。太阳雨的形成与地球上的这种水循环类似，不同之处在于太阳上的等离子体不会从气态变成液态，它只是单纯地温度降低，进而落回太阳表面。

太阳雨"下"得非常快，而且规模也异常庞大。这种"雨滴"差不多有一个国家那么大，而下落高度甚至达到了地月距离的六分之一——6.3万千米。

另外，太阳上也有龙卷风。旋转运动着的等离子体会在太阳上产生旋涡，这使得磁场也出现扭绞，进而旋转成为超级龙卷风。这种龙卷风能从太阳表面一直延伸到高层大气。

挑战热力学

太阳龙卷风虽然非常奇怪，但却可以帮助我们解释太阳上的一个最怪异的特征——大气的温度远比表面高。太阳的表面温度大约是5700开尔文，而向上延伸的日冕大气温度却高达数百万开尔文。相比上层大气而言，太阳表面绝对算得上是"寒冷"了。

一般来说，物体远离热源时温度就会下降。烤棉花糖时，棉花糖越靠近篝火熟得越快。但是太阳的大气却违背了这个规律。从太阳辐射出的能量显然

是绕过了光球层，直接流向了更高的日冕层。

大部分的能量似乎来自日冕及其下层色球之间的过渡区。像龙卷风、太阳雨、磁场"辫子"、等离子体射流以及奇怪的针状体这类现象，都被认为是这种加热过程中的一部分，它们参与了把能量从太阳内部搬运并囤积到高层大气的过程。但是，这种加热具体是如何发生的，至今还没人清楚。

向太阳进发

只有解决了上文提到的种种疑难，我们才能更近距离地观察太阳。

2018 年 10 月，欧洲空间局发射了一个太阳轨道探测器，它在距离太阳4500 万千米的上空飞行。这是我们首次对太阳的两极地区进行拍摄，它将帮助我们了解太阳的磁场是如何产生的，以及太阳的南北两极为何会如此高频翻转。这个探测器还能在太阳风到达地球之前就获得其原始信息。

2018 年 8 月，美国航空航天局发射了帕克太阳探测器，它离太阳表面更近，最近距离仅有 600 万千米。帕克太阳探测器将迂回多次，慢慢飞近太阳，仿佛一个谨慎的斗牛士小心翼翼地接近目标。这种较慢的飞行计划也是基于安全考虑的：当探测器距离太阳越来越近时，它接受到的辐射和热量也将激增，科学家们将随时监测各种突发情况及潜在风险，并对此及时进行处理。帕克太阳探测器会 7 次飞越金星，以便调整轨道位置。在最接近太阳的那个时刻，它将以每秒 200 千米的高速疾驰而过。它将试图回答太阳大气的加热机制以及太阳风的发生原理等相关问题。

缺失的金属元素

我们无法对太阳进行采样分析，但也有两个途径能弄清楚它的物质组成：

日震学家能观测太阳表面的振动，这些振动反映了太阳内部的化学物质组成；光谱学家能利用先进的分光仪对太阳辐射出的光进行分解，得到对应着太阳组成元素的光谱。

经过多年的研究，科学家用这两种方法得到了相同的结论：太阳主要由氢和氦构成，还有一些少量元素则是其他恒星爆炸的产物。天文学家把除了氢和氦以外的较重元素称为金属元素，它们分布在太阳内部的各处，总量还不到太阳质量的 2%。不过，量少的它们也有着关键性的作用——有助于把能量从太阳核心转移到沸腾的表层。

研究工作并不会一帆风顺。21 世纪初，哥本哈根的一位年轻研究人员马丁·阿斯普伦德（Martin Asplund）正在钻研恒星外层大气的运动情况，这是完成更加精确的光谱计算的必要步骤。借助超级计算机，他构建出了一个太阳外层的三维数值模型。在 2009 年，他得出了一个惊人的结论：日震学家推测出的金属元素中有四分之一都消失了。

时至今日，还没人能反驳阿斯普伦德的结论，随着他的成果被广泛接受，这个问题产生的影响也已经远远超过了太阳研究范畴。作为距离我们最近、最容易靠近的恒星，太阳也或多或少地为我们提供了它在宇宙中其他恒星兄弟的一些信息。

也有其他研究人员另辟蹊径地对此进行分析：太阳中的**暗物质**能解释这种金属元素缺失的情况。对此可能性更大的解释是：在太阳极端高温和极强压力的环境下，重元素可能会与我们预期的表现不同——它们可能以不同的形式吸收和辐射光。

加拿大的新型中微子探测器（SNO+）成了解决这个谜团的最佳武器。我们已经能对太阳中微子进行常规监测，但 SNO+ 或许可以甄别出不易发现的

罕见碳氮氧（CNO）中微子信号。这种罕见的中微子产生于有碳、氮、氧参与的核聚变反应。这样，我们就能直视太阳的核心，看看那儿有多少这样的重元素存在。

失散多年的姊妹

现在距离太阳最近的恒星远在 4.2 光年之外，但它并非一直孤单，曾经也有"家人"相伴。从同一团尘埃气体云中孕育出来的太阳姊妹，最终彼此远隔数百光年。2014 年 5 月，天文学家宣布发现了太阳的第一颗姊妹星：HD 162826（见图 1.2）。

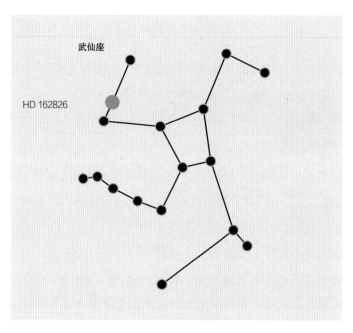

图 1.2 天文学家通过模拟银河系的运动找到了可能是太阳姊妹的恒星：HD 162826

这颗恒星距离我们 110 光年，你用双筒望远镜就能在武仙座的"左臂"处看见它。它比太阳更热，也显得更蓝，质量也比太阳大了 15%。

为了梳理太阳的族谱，得克萨斯大学奥斯汀分校的伊万·拉米雷斯（Ivan Ramirez）领导了一个研究小组，通过模拟银河系的运动，梳理了它的历史脚步。假设一些恒星当初和太阳诞生于同一位置，这项模拟便能预测出今日它们可能所在的位置。虽然太阳的这些姊妹现在已经分居各处，但天文学家仍然能从这些不同地点的信息里寻找到当初诞生地的蛛丝马迹。

研究小组把搜索范围缩小到了 30 颗恒星以内，接着开始仔细甄别它们与太阳的相似性。其中，只有 HD 162826 具有和太阳相似的化学组成，而且年龄也相同。更诱人的消息是，在可能拥有行星的恒星列表里也能找到 HD 162826 的名字。

如果能定位出更多太阳姊妹星的位置，天文学家就能掌握更多关于我们太阳系诞生地的线索，包括太阳和行星形成时的具体情况。

空间风暴预告

1859 年 9 月 2 日，一次猛烈的磁性物质喷射在太阳上爆发，并袭击了地球。地球上空三分之二的区域出现了极光风暴，指南针突然失灵，全球的电报系统也因为电流涌入电路而发生故障。

英国业余天文学家理查德·卡林顿（Richard Carrington）对此现象进行了观测，并以自己的名字命名了这个事件。对大多数普通人来说，这仿佛只是一场规模宏大的光影秀，但是，由于现代社会对电磁技术的依赖，这就可能成为一场灾难。卫星可能会被烧毁，我们的通信和定位系统也会罢工；变压器会被破坏，进而各国的电网也随之瘫痪；公

共交通也随之陷入泥沼。2008 年，美国国家科学院估计，一场卡林顿事件对美国带来的经济损失就达 2 万亿美元。

从那时起，空间天气日益受到重视。要想保证安全，我们就需要更好地了解太阳喜怒无常的电磁活动，这才是导致类似卡林顿事件的日冕物质抛射的根源。由于太阳产生磁性的原理仍是个谜，所以我们无法预测日冕物质抛射发生的时间和地点。欧洲空间局发射的太阳轨道探测器可以通过测量太阳磁场改变这一境况，如果它能解开太阳磁场发电机机制的谜团，或许就能使我们避免再次陷入 1859 年的困境。

如果巨大的彗星撞向太阳？

大部分彗星都只是飞掠过太阳，然后悄然消失。但是，如果有一颗足够巨大的彗星直直地冲向太阳，结局将以爆炸告终。

美国航空航天局的索贺号（SOHO，又叫太阳和日球层探测器）每周都能探测到三颗或者更多的小彗星紧贴太阳掠过。较小的掠日彗星一般都飞不了太远，但并不是太阳百万开尔文高温的日冕融化了它们，因为日冕太薄，无法传输足够多的热量。相反，太阳辐射出的强光会使彗星上的冰升华成气体逃逸到宇宙空间中，或者直接导致彗星解体。不过，总是会有幸存者的。2011 年的洛夫乔伊彗星（Lovejoy）就穿过了日冕，虽然出现了非常严重的损耗，但最后仍保住了松散的整体。2014 年的艾森彗星（ISON）也从类似的困境中死里逃生了。

那么，如果一颗彗星迎面冲向太阳会怎样呢？苏格兰皇家天文学家约翰·布朗（John Brown）领导的研究团队就对此进行了计算。

当这颗彗星运动到足够接近太阳时，太阳对其引力作用会陡增，并将彗星加速到 600 千米每秒以上。彗星以如此高速在太阳低层大气中运动，会被拖曳成扁平的煎饼状。布朗对此情此景的描述是：一个在地狱里的超声速雪球。

　　最后，它会在空中发生爆炸。利用现代观测设备，我们将能看到它释放出来的紫外线和 X 射线辐射。这场坠毁释放的能量将和磁耀斑、日冕物质抛射相当，但覆盖的区域比它们更小。彗星的动量甚至会使太阳像钟一样发生振荡，在太阳的大气层中引发一连串的日震现象。

　　这种计算或许也同样适用于其他恒星系统，那儿的年轻恒星面临的彗星撞击或许远比我们的太阳多得多。

2

铁与岩的世界

内太阳系里分布着四颗较小的行星：最近才被测绘出拥有焦黑表面的水星；拥有地狱般的有毒环境的金星，可以作为地球的前车之鉴；最受人类欢迎，也很可能会存在生命痕迹的火星；由于从太阳往外数的第三颗行星——地球——并不在这次讨论的范畴内，我们将用月球来代替，这也是人类唯一到访过的地外世界。

余烬世界

水星是个奇怪的星球。它的表面和月球很像，布满了环形山；但内部却藏着一个金属核心，占了其自身质量的 70% 左右，甚至比火星的核心还大。它的磁场令人啧啧称奇，那异常黑暗的表面让人印象深刻。当其他行星都在大致相同的平面内绕太阳公转时，水星则调皮地选择了相对较大的轨道倾角；而相较于地球接近圆形的公转轨道，水星却更偏爱椭圆形的运动轨迹。

由于水星是所有类地行星中被探访次数最少的一颗，所以还有许多悬而未决的疑问。美国航空航天局的信使号是第一个围绕水星进行轨道运动的探测器。从 2011 年到 2015 年，信使号探测器拍摄了 30 万张水星图像，对水星的放射性和大气的化学组成进行了百万次的测量。信使号利用激光测高仪对水星上的丘陵高度和环形山深度进行了测绘（见图 2.1）。它带回的其他数据将帮助研究人员进一步揭开水星的神秘面纱。

图 2.1　利用信使号拍摄的 10 万余张图像，研究人员绘制出了水星地形图。其中，最高点位于赤道以南的一处最为古老的地形区，比平均海拔高出 4.48 千米；最低点位于拉赫玛尼诺夫盆地的底部，比平均海拔低了 5.38 千米

石墨壳

水星的表面非常暗，反射的阳光远少于我们的月球。铁和钛一度被认为是"罪魁祸首"，但信使号并没有在水星上发现这些元素。随后，利用信使号在水星表面最暗区域上空获取的数据，研究人员巧妙地找到了另一种可能解释。通过结合红外光谱数据与**宇宙线**触发的中子数，来自马里兰州约翰·霍普金斯大学应用物理实验室的帕特里克·佩普洛夫斯基（Patrick Peplowski）领导的研究小组发现，这些黑色的物质是以石墨形式存在的碳。

在水星的早期，整个行星的表面是岩浆的海洋，石墨的出现或许可以追溯至此。如果当初组成水星的化学物质和现在的一样，那么几乎所有在海洋中形成的矿物都会沉积到底部，唯一浮着的矿物就是石墨。由此可见，或许水星曾经被一个1千米厚的石墨壳包裹着。

后来，岩浆覆盖掩埋了这层灰暗的壳。这意味着，现在在水星上探测到的最暗的物质应该出现在原始表面已经被剥离的环形山地区，这与佩普洛夫斯基研究小组的发现是一致的。不过，这也不能排除其他理论，彗星的撞击也可能给整个水星蒙上碳尘。

核之谜

传统的行星形成模型无法演化出水星巨大的金属核心。天文学家推测，水星曾遭受过严重的撞击，导致外部的岩石壳层被剥离，或是外层被太阳辐射的热能蒸发了。理论上，经历过撞击事件或者蒸发后，类似于钾等挥发性的元素应该就消失了，但信使号却在水星的壳层里探测到了它们。

与此同时，对系外行星的观测结果表明，水星的结构并不特殊。开普勒-10b（Kepler-10b）和科罗-7b（Corot-7b）是目前发现的最小的两个系外行星，它

们的密度远比想象中大，这说明它们也和水星一样，拥有巨大的"心脏"。这些行星也和水星类似，离它们的中心恒星非常近。

2013 年，德国杜伊斯堡 - 埃森大学的格哈德·伍姆（Gerhard Wurm）及其同事找到了核之谜的一种解释。当尘粒被阳光加热后，气体分子与热尘粒发生碰撞，因此气体分子间接吸收了热量，以更快的速度被弹走，这一过程给了尘粒一定的推力。伍姆的研究团队对此进行了计算，分析了光泳力对在恒星附近绕转的尘粒的影响。

金属颗粒的导热性良好，整体温度比较均匀，因此，这些颗粒会从四面八方受到一样的推力，并不会离恒星太远。但是由硅酸盐这类物质构成的岩质颗粒，由于属于绝缘体，最终只有面向太阳的那面是热的，因此这面受到的气体分子的推力会大于背阴面的推力。在太阳系的形成过程中，这一效应会起到分选尘粒的作用。致密的金属颗粒会离中心恒星较近，而密度较小的硅酸盐颗粒则会被推得更远些。以上过程或许就能解释像水星、开普勒 -10b 和科罗 -7b 这样的带内行星的高密度之谜了。

下一个前去探访水星的将是贝比科隆博（BepiColombo）水星探测器，它是日本和欧洲共同研发的。它预计将在 2025 年底到达水星附近，届时将为我们揭开水星的核之谜，以及关于这个铁质行星的更多谜团。

金星怎么了？

金星和地球常常被看成是一对双胞胎，但实际上这两者有着天壤之别。金星的大小和结构与地球非常类似，而且获得的阳光辐射也基本相同。从理论上来看，金星处于太阳系里的宜居带，满足液态水存在的条件。而且天文学家也

确实相信金星上曾经有海洋甚至生命存在。那么，是什么导致了如今的金星如此荒凉？

我们试图去寻找答案，但就像早期的轨道探测器一样，我们被金星上不透明的硫酸云层挡住了视线。我们曾派出多个探测器勘探金星表面，却只有不到一半幸存了下来，其他的都被金星上极强的大气压损毁了，而且就连少数幸存下来的探测器也没能坚持太久。这些先行者用"牺牲"换来了时长还不到一天的金星地表观测数据。

借助它们的"眼睛"，我们得以看见金星地表：天地一片昏暗，荒凉且毫无生机的大地不断被硫酸雨冲刷，在黎明和黄昏时会刮起大风，而其他温度较高的时候则风速较低。即使你侥幸地躲过了高浓度二氧化碳大气引起的窒息风险，460 摄氏度的高温也会让你难逃一劫。

金星上的这番景象证明它的确距离太阳过近了。太近的距离使得水分蒸发，形成了浓密的大气，同时锁住了热量，最终导致了温室效应失控，形成了宛如地狱一般的恶劣环境。

但是金星快车（Venus Express）轨道飞行器的观测结果却动摇了上面的结论。2007 年，它在金星上发现了离子流。这是太阳风在经过金星微弱的磁场时形成的，它还会定期引起等离子体爆发，带走巨大的行星大气碎片。

在经过长期这样的袭击后，大气中的原始水分早已所剩无几。这也许是催生最初温室效应失控的一部分原因，但是肯定还有其他原因才能形成今天这令人窒息的金星大气。所以，或许在遥远的过去，有着某些非常重要的角色影响了金星的演化。

最有可能的候选者是金星火山在地表释放出的硫和二氧化碳。直到今天，虽然我们还没在金星上找到活跃的火山活动，但其存在的证据却比比皆是。金

星快车的数据显示，火山熔岩流覆盖着 80% 的金星表面，其中有些甚至是最近几万年里形成的。

追溯金星的历史，可以帮助我们在太阳系外寻找"下一个地球"时提前排除类似的错误选项，而且也可以告诉我们地球将来是否会重蹈覆辙。模型显示，大约 20 亿年后，太阳逐渐衰竭，变得越来越热，地球的气候就会开始向金星靠拢。但如果我们已经离这个阶段不远了呢？会不会有一些未知的诱因正在加速这一切的发生？正是这些问题促使我们开始考虑重返金星，这将帮助我们弄清楚金星是否注定只能成为无法居住的荒芜之地。

转念一想，其实金星也并没有那么拒人于千里之外。在金星地狱般地表向上 70 千米的云顶处，其实气候宜人：充足的阳光和水分，还有与地球类似的气压和温度。基于这些条件，生命或许可以在云中存活。想要进一步研究，我们就需要大气探测器了。航天巨头诺思罗普·格鲁曼公司（Northrop Grumman）研发了一款自主充气式航天飞机，它可以在金星身边飞上一年，寻觅生命的信号。美国航空航天局喷气推进实验室（JPL）的计划更加雄心勃勃——建造一艘可以载着科学家驶向金星温暖云端的飞艇。

失乐园

计算机模拟结果显示，早期的金星看起来可能与我们的家乡地球非常相似，而且直到不久之前都还是宜居的星球。

亚利桑那图森行星科学研究所的大卫·格里普森（David Grinspoon）及其同事基于一个气候模型模拟出了四个版本的金星大气。这四个版本只有非常微小的细节差异，比如，金星从太阳得到的总能量，或者金星一天

的时间长短。在模拟的过程中，如果缺少确定的数据，他们会采用合理的猜测替代。在金星上，氘原子与氢原子的比例高得异常，可知曾经储存过大量的水，因此他们在模型中增加了一个浅海。

对比这四个大气模型随着时间的演化，研究人员发现这个行星很像早期的地球，并且在 7 亿年前的大部分时间里都是宜居的。四个大气模型中最令人心生希望的是出现了合适的温度、厚厚的云层和零星的降雪。格里普森表示，和当初设想的一样，金星就像早期的地球，具备生命起源的必要条件。

对于金星的后续探测，格里普森还建议，可以留意一下赤道附近是否有与水有关的侵蚀痕迹，这将验证模型中添加海洋是否合理。火星探测器已经在火星上找到了类似的痕迹。美国航空航天局正在两个金星候选任务之间权衡：一项是让探测器穿过云层，降落到地面观测；另一项是让探测器环绕金星飞行，并对表面进行拍摄。

研究人员希望能对金星的过去完成更多的模拟，或许是无边的沙漠，或许和地球一样被水覆盖。这些模拟将帮助我们发现到底哪一种情况会使金星演化成今天的模样。

阿波罗与月球诞生

1969 年，当全世界都着魔般紧紧盯着踏上月球的尼尔·阿姆斯特朗（Neil Armstrong）和巴兹·奥尔德林（Buzz Aldrin）时，行星科学家的目光却锁定在其他宝藏上。在他们看来，阿波罗 11 号任务的重点是带回地球的"礼物"，而宇航员们的确没令人失望。当阿姆斯特朗和奥尔德林最后一次返回登月舱时，

他们带了足足能装满一个小行李箱的"礼物"——他们收集到的 22 千克月岩。

后来的 5 位阿波罗宇航员又带回了 2200 份独立编号共计 382 千克的月岩样本。苏联经过三次无人登月取样又拿回了 300 克月球土壤。

当时，这些月岩是当之无愧的科学宝藏，它们帮助科学家重塑了行星形成和演化的理论，让我们挥别了关于月球的种种传说。作为探索月球最早的支持者之一，哈罗德·尤里（Harold Urey）曾经预言月球的组成物质就是原始的陨石，但事实并非如此。月球上很多岩石看起来和地球上的很像，尤其是黑漆漆的玄武岩，它们让**月海**呈现出特有的色调。不过，也有与地球上差异较大的，比如角砾岩，这些散落在月球各处的岩石碎片，是在几百万年的陨石撞击事件中不断碎裂又不断融合在一起的。

深藏在月岩中的许多线索需要多年的时间才能被读懂，其中有些甚至还带来了激烈的争论。有证据显示，早期的月球曾经被一片深深的岩浆海洋覆盖，这令我们非常震惊。月球山区的主要物质是斜长岩，它在地球上较为罕见，一般当较轻的富含铝的矿物质漂浮在岩浆顶部时才会形成。所以如果月球上随处可见斜长岩，就表明月球曾经拥有一片岩浆海洋，那么，一个令人困惑的问题浮现了出来——哪来的岩浆海洋？

普遍被接受的理论是，约在太阳系开始形成的 5000 万年后，在地球属于婴儿阶段时发生了一场灾难性的事件。根据以上假设，原始地球撞上了一个火星大小的行星，碰撞产生出来的碎片进入了环绕地球的轨道，随后快速凝聚融合成了月球。

但阿波罗任务带回的月岩却让人对该理论有了怀疑。根据大碰撞假说，月球中一部分的物质理应来自另一颗原行星，与地球上的岩石成分会略有不同，尤其是同种元素的不同含量的同位素。但是，芝加哥大学的张君君（音译）等

人在 2012 年的研究中发现，月岩中的氧、铬、钾和硅的同位素与地球上的一样。

这使得一些科学家不得不重新审视这个理论。阿姆斯特丹自由大学行星科学家威姆·凡·韦斯特瑞恩（Wim van Westrenen）表示，可能是地球内部一场巨大的核爆发事件造就了月球。其他科学家也开始着手修改大碰撞假说的模型，比如，早期的地球可能自转非常快而且结构脆弱，一个较小的撞击物很可能会深深地砸进地球内部，同时把一大块地球岩石抛向环绕地球的轨道，进而形成月球。

阿波罗任务带回的样本给了我们另一个惊喜——更加坚实的月面。月岩样本显示，月球上最大的那些环形山基本上是在大约 38 亿年到 40 亿年之前同时形成的。月球，甚至地球，在太阳系形成后的 5 亿年里肯定经受了毁灭性的持续撞击。当时，外太阳系一定有较大的变动，可能是海王星和天王星的轨道发生了改变，导致一大串的彗星向太阳系内涌入，这才造成了大量的撞击。但奇怪的是，这个在太阳系的历史上被称为晚期重轰击的事件，几乎是与地球上最初的生命迹象同期产生的。难道这场撞击实际上为生命演化创造了温床吗？

鉴于晚期重轰击和关于月球形成的大碰撞假说面临挑战，科学家不得不重新对太阳系早期历史进行斟酌。在阿波罗任务之前，行星科学家认为天体围绕太阳进行的轨道运动是非常机械的，碰撞不仅罕见，而且无足轻重。但现在可知，太阳系是一个更加动态的环境，行星不仅会随意移动，而且会发生碰撞和抛射。大大小小的碰撞事件贯穿了带内行星的演化历史，而月球的形成史是其中最夺人眼球的。

如果没有这些月球上的样本，我们将无缘这些关键的发现。阿波罗任务带回的月岩中还藏着其他秘密吗？利用更加尖端的仪器，研究人员可以知悉像

岩石中微小矿物颗粒这样的更小样本里所含的年代信息。这些先进的技术也促使研究人员开始重新思考月球历史中的一些时间节点：月球的形成时间比我们以前认为的晚了 2000 万到 3000 万年，大约在 45 亿年前，而最后一片岩浆海洋很可能是在 44.17 亿年前凝固的。

但对于一些全局性的问题来说，阿波罗任务带回的样本仍旧无济于事。地球上的我们一直无法看见月球的背面，那里藏着什么？月球上的岩浆流形成了组成月海的玄武岩，我们能拼凑出它的详细历史吗？我们能从月球深处找到样本吗？这些都是我们重返月球的重要理由。

红色大河

不管是过去、现在还是未来，对火星生命的预测都取决于是否存在液态水，但火星上的水却始终令人难以捉摸。

在火星上，温暖的季节时地表会出现暗色条纹，它们会持续变长，然后逐渐消失。它们在每个火星年都会周期性出现，被称为季节性斜坡纹线（RSL）。长久以来，人们一直认为这是顺着环形山和丘陵流下的咸水的痕迹。理论上，咸水中的盐分会降低冰点，这使得在寒冷的火星气候下也可能存在液态水。

2015 年，美国航空航天局火星勘测轨道飞行器（MRO）对上述理论给出了数据支持。它配备了一台光谱仪，可以对反射的阳光进行分析，从而确定火星表面的矿物成分。来自四处季节性斜坡纹线的光谱数据显示，对应地表存在水合盐类，很有可能是高氯酸镁、氯酸镁和高氯酸钠。

如果能确认火星表面存在流水，对美国航空航天局寻找火星生命任务的

呼吁力度也将进一步加大。阿塔卡马沙漠是地球上最不宜生存的环境之一，但这里的微生物们靠着地表盐分从大气中吸收的水汽存活了下来，所以有人认为这样的微生物也能在火星上生存。

尽管如此，你有没有想过这些神秘的暗色条纹或许根本就不是水呢？想要在火星上融化冰，或者依靠稀薄干燥的大气生成冰都是非常艰难的。相反，这些条纹痕迹或许是火星表面的沙流在阳光下展现的效果。

巴黎第十一大学的弗雷德里克·施密特（Frédéric Schmidt）及其同事表示，这些条纹特征可能来自沙崩，类似于我们在大风天的沙丘边看见的情景。只不过造成火星上沙崩的不是风，而是阳光和阴影。当阳光照射沙丘时，沙丘表层温度升高，下层则温度较低。这种温度梯度会使沙砾周围的空气产生压力变化，使气体向上运动。这会进一步挤压沙砾和土壤，使之从沙丘上往下滑落。这种效果在下午由巨石或岩石露出地面部分所投射的阴影中最为明显。接着，已经变冷的沙丘顶部和仍然温暖的下层之间再次产生压力梯度，使得气体和沙子进一步滑动。

2017 年底，对火星勘测轨道飞行器拍摄图像的进一步分析显示，暗色条纹只出现在足够陡峭的斜坡处，干燥的尘粒就像在沙丘上一样滚落下来。这个结果证实了在火星上没有水也能发生沙崩。来自美国地质调查局天体地质学科学中心（亚利桑那州，旗杆镇）的首席研究员科林·邓达斯（Colin Dundas）表示，这一新证据也证明了现今的火星非常干燥。

如果最终发现季节性斜坡纹线的出现与水无关，那么，无论是从火星原生物种的角度，还是从未来人类探索的角度，人们对火星易于孕育生命的美好幻想就都被打破了。

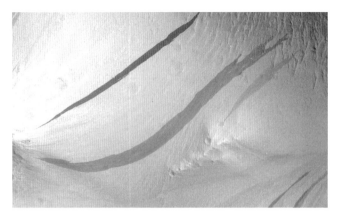

图 2.2　火星表面的神秘条纹很像是流水的痕迹，但也可能是阳光下沙流形成的模样

不该存在的湖

回看火星的过去，人们同样会觉得困惑。火星拥有冰冠，过去也有着丰富的液态水分布。对于黏土质矿物和河湖沉积物遗迹的观测结果表明，35 亿到 40 亿年前火星上还有液态水在自由流动，而且可能有大面积的海洋。甚至还有迹象表明，当时的海啸规模巨大，以至于改变了古老的海岸线。借助美国航空航天局火星奥德赛航天器的热成像数据，马德里天体生物学中心的阿尔贝托·费尔恩（Alberto Fairén）及其同事对火星上低洼的克律塞平原和阿拉伯高地之间的边界地区进行了深入研究。研究证明，冰川和巨石的运动轨迹一路向上，在高地上延伸了数百千米之远。这个现象无法用重力驱动的效应解释，只有海啸能说得通。模拟结果还显示，一个足以形成 30 千米环形山的小行星撞击事件就能引发这种规模的海啸，当海啸到达岸边时，浪高将达 50 米左右。

不过，我们仍然无法破解年轻火星上是如何存在液态水的奥秘。这个有

着 40 年历史的谜团被称为"火星悖论"。要是我们在某天揭开了谜底,估计不少教科书就要被扔掉了。

一旦你开始细细思考火星过去的环境,那么麻烦就来了。靠着薄薄的大气层和与太阳不太远的距离,火星好不容易把平均温度维持在了 -61 摄氏度,这样的低温将现存的水冻在了极地永久沉积物中。数十亿年前,太阳更年轻,温度也更低,那时的火星可要比现在冷得多。

假设火星和地球上的冰点一样,那火星怎样才能足够温暖以保证液态水能流动呢?一种合理的猜想认为,和地球类似,温室气体能防止热量的流失。这些气体来源广泛,比如火山喷发就会产生。各种温室气体中,二氧化碳截留热量的效果最为明显,但就算这样也无法使火星保持液态水存在的温暖环境。而且,根据 35 亿年前的沉积物可知,当时的大气中只有少量的二氧化碳。

如果再多添加一些甲烷或者氢气,会有效果吗?答案是否定的。由于二氧化碳含量很少,所以无论增加多少甲烷、氢气,甚至其他气体都不会改变这个结果。而且为了避免这些"敏感"的温室气体受到太阳辐射的伤害,在最初还必须有一个厚厚的大气层来"保护"它们。

换个思路,如果咸水里的盐分足够多,是不是就能在已达到冰点温度时还保持液态呢?这样大气中就不需要那么多的二氧化碳了。但这也可能会落空。虽然在地球上非常咸的水的确能液态流动,但是在寒冷的火星上还是不可能有足够多的水分汇成流水,在数百万年里对砂岩和泥岩造成侵蚀的。

会不会有一些我们尚不得知的行星演化机制?还是有我们未曾发现过的温室气体混合物?或许真正的阻碍来自我们对水本身的理解。也许只有我们真正踏上地外世界时,这个谜团才能解开。

采访：我的"火星一年"

作为美国航空航天局一项火星任务的首席医疗官，谢伊娜·吉福德（Sheyna Gifford）在一座火山上的圆顶建筑里生活了一年，旨在探索红色星球的第一批移民将如何生活。《新科学家》杂志在2017年对她进行了采访。

你和5位同事为何结束了夏威夷火山上的生活？

美国航空航天局想了解把6个人送往另一个遥远星球生活后，他们在心理上、社交上会出现什么变化，比如，怎样合作共事，怎样面对压力以及与地球的沟通情况等。这是美国航空航天局最长的一次火星模拟任务，叫作夏威夷太空探索模拟任务（HI-SEAS）。截至2016年8月，我们6个人在一个金属测地圆顶建筑中生活了366天。

你在圆顶里有哪些伙伴？

我们的小组成员包括指挥官、科学官、工程师、生物学家、建筑师和我这个专职医生。我们随身戴着监控我们互动情况的电子徽章。大部分时间里，我们就像实验室里的小白鼠一样被观察着，但我们也会开展自己的科学实验，比如，考察山脉的地质情况，测试我们的水培粮食种植技术以及研究我们自己的微生物基因组。

"火星生活"感觉如何？

为了模拟真实的火星生活，参照火星和地球的实时位置和距离，我们与外界的通信都被延迟了20分钟。我们不能使用手机和即时聊天软件。每次我们走出"居住区"都需要穿着太空服。我们一整年都没见过其他人。

你们之间发生过争执吗？

我们有些个性差异，但我们都是专业人士，情况越艰苦，我们就越团结。履行每个人应尽的职责，并专注于任务本身，会使团队更加有凝聚力。这是非常重要的。

最大的挑战是什么？

第二个季度是我们最辛苦的日子，当时我们的电能和食物都不多了。由于管理上的一些问题，我们没能按时得到补给，没人想吃菠菜和羽衣甘蓝这两种脱水蔬菜，但却只能吃这些，而且当时还非常冷。我们士气低落，但也都知道执行这样的任务难免会遇到难关。第二季度的低迷情绪造成了持久的影响：在任务的后期，每当特别冷的时候，我们就默契地独自待在各自屋里。这个习惯后来再也没改过。

后来情况好转了吗？

我们在圣诞节期间得到了包括第三块电池在内的补给。因此就算在日照时间较短的情况下，我们也能靠太阳能板充电一天的电量维持实验室一天半的运作。所有事情都开始慢慢好转起来，我们打开了加热器，开始做饭。在光明节那天，我不仅做了饭，还教会了每个人玩传统的犹太游戏。

你们在"火星"上怎么过节？

这是个有趣的问题。在火星上过圣诞节的意义是什么呢？它与火星的季节无关，和曾经在火星上活着或者死了的人也无关。相较于圣诞节，我们更像是庆祝了一个非宗教性质的节日。

不过我们的第一个火星节日其实是为了庆祝第一次番茄大丰收。我们的天体生物学家花了几个月的时间来培育这些番茄。为了真实模拟火星的环境，我们只有很少的土壤，所以番茄是在瓶子里水培的。虽然每个人只分到了一个番茄，但我们还是盛装打扮，精心摆盘，撒上干香菜，点上蜡烛。那天是我们四个多月以来第一次吃到新鲜的番茄，所以我们将这个节日命名为"大番茄日"。

我像个疯子一样闻了这个番茄十分钟，在当时的我看来，它闻起来像整个番茄温室。最终当我品尝它时，嘴唇却感到烧灼。番茄没有问题，是我的嘴唇不习惯了。我们一直没吃任何酸的食物，平时吃的只是番茄粉。所以我不得不特别仔细地品味这个珍贵的番茄。

你想念家人和朋友吗？

非常想念。收到他们发来的邮件让我非常幸福。我也见证了那些没有家人和朋友情感支持的队员的艰辛。收到这些邮件意义重大，它们使你确认自己还存在，并且仍然重要。

以你的经验来看，第一批火星移民的前景如何？

如果你把在火星上土生土长的人带到美国时代广场上，大量没有实际用途的用电设备会令他们错愕。我们在火星上一天生产出来的电能在这儿几秒就用完了。地球上的垃圾桶里满是我们火星人不会扔掉的东西。我们会重复使用它们，或者将其融化并利用 3D 打印技术重新制成其他物品。在火星上，我们只关注物品的实用性。金钱也失去意义，唯一重要的是你的智慧、理智和能力。

作为首席医疗官感觉如何?

在火星上,医生这个职业被重新定义了。你变得像以前镇上的那些老医生,四处走访,关心人们的身体状况,尽量让他们远离疾病。但是他们一旦生病的话,你能做的就非常有限了。

作为"太空"医生,我每天都在祈祷不必工作。这次我们很幸运,只有一个队员在任务期间受了较重的伤,那个人就是我自己。当我在察看附近地形时,一个熔岩管道发生了坍塌,伤到了我的膝盖。

能讲讲你体验的"虚拟现实"(VR)技术吗?

美国航空航天局希望知道VR技术能否缓解那些与世隔绝的人的孤独感和无聊的情绪。利用360度的摄像头和录好的音频,他们制造出了仿佛在地球上的沉浸式体验,我们只需要在圆顶中戴上设备就可以体验这一切。在VR体验中,我去了波士顿。当我戴上VR特定的眼镜后,瞬间我就站在了熟悉的街头。人们都向我张望,还伸手指着这边。虽然这只是当时VR相机拍摄的画面,但我感觉仿佛真的被送回了地球。可见,VR技术对火星移民是很棒的选择。

在我参加实验的那段时间里,我的祖母去世了。但是根据我们任务的规定,这并不属于危机情境,所以不能终止通信延迟这个设定。虽然我大概已经知道她即将要离开了,但通过信号延迟的视频通话和她说再见仍然令我难以接受。

有人可能会认为送那些没有牵挂的人去太空更好,你怎么看这个问题?

这其实是个更简单的问题:面对合群和不合群的人,你会送谁出去呢?我认为应该把在地球上牵挂更多的人送出去,有三个原因:第一,如

果队员之间关系恶化，他们可以向自己在地球上关系亲密的人寻求支持；第二，他们会为了平安返回而义无反顾，用尽全力保住飞船；第三，这也是最重要的一个理由，地球上也有想去火星但却不能成行的人们，所以我们就需要超级热爱社交的人不断从火星发回信息。我们应该尽可能地让去过不同国家、经历过不同宗教信仰、灵活变通的人前往火星。要知道，归根到底，我们去火星不是为了个人，而是为了地球。

小行星间的行星

谷神星作为内太阳系类地天体的前哨，既是最大的小行星，也是已知最小的**矮行星**。2015 年 4 月，美国航空航天局的曙光号小行星探测器到达谷神星所在轨道，随即就在这个小星球上发现了多个令人困惑的白点。搞清楚这些白点的本质有助于我们了解谷神星的内部。

这些白色亮区中面积最大的位于直径 92 千米的奥卡托环形山（Occator）内，曙光号小行星探测器在 2016 年密切关注着它。研究人员在该区域中央发现了一个小丘，并且测得了亮区表面的亮度变化，这些变化人眼无法分辨，但却能反映出不同的地表物质成分。不过，对此地貌的形成原因仍然没有定论。有种猜测认为，一颗陨星撞向谷神星时把地底 40 千米深处的冰状物质撞了出来，同时加热了这些物质。它们现在就位于奥卡托环形山内，其中水分已经蒸发，只剩下反光的盐类和矿物质留在地表。

奥卡托环形山的底部布满了裂缝，这些裂缝似乎比环形山本身更古老。在环形山形成的过程中，它们能为从地底涌出的物质提供方便快捷的出口。

与此同时，曙光号小行星探测器还有其他发现：直径 10 千米的奥克索环形山（Oxo）内藏着水冰物质。它们主要分布在靠近环形山口的地方，可能存在的形式包括普通的冰或者含水矿物两种。根据谷神星的形成模型以及在奥卡托环形山内发现的白色亮区综合考虑，一般认为这个矮行星有一层岩盐混合的冰质亚表层。奥克索环形山旁露出的冰可能就是在山体滑坡过程中暴露的或者是陨石撞击溅出的。就像奥卡托环形山周边的环境一样，一般情况下，谷神星上的冰会被蒸发，只剩下会反光的盐类。但是奥克索环形山这样的地形就为冰提供了阴凉的存储地。

2017 年，行星科学家在谷神星表面找到了一些柏油状矿物质，主要是碳基有机化合物。我们虽然无法精确判断出它们的物质成分，但对应的光谱数据至少已经将这些柏油状矿物质指向天然沥青矿或者沥青岩。这些有机物的成分和浓度暗示了这些物质肯定不是来自谷神星以外的行星。

首先，这些柏油状矿物质肯定无法在撞击带来的高温下幸存；其次，如果它们是和其他天体一起撞向谷神星的话，就会溅得到处都是，而不是像现在这样偏居一隅。由此可见，它们肯定是谷神星上的"原住民"。

随着水冰和反光矿藏的发现，我们意识到这颗矮行星蕴藏的故事比之前预计的复杂得多。现在在我们尚不清楚谷神星的内部结构，但地表的有机物已经足以证明其内部具有水热相互作用过程。

火星上猛烈的沙尘暴会影响宇航员的生命安全吗？

在电影《火星救援》（2015）中，一场巨大的沙尘暴阻碍了火星队员坐着火箭返回地球，但实际上这种情况发生的概率并不大。因为火星上的大气

密度只有地球大气的 1%，实在是太稀薄了。就算是火星上难得一见的超强大风产生的作用力，也仅相当于地球上的五级风。

但是，火星沙尘暴的危险性仍然不容小觑，它们还是会影响能见度，并大幅降低地表接收到的太阳能辐射。勇气号和机遇号火星探测车就面对着这么严峻的现实。

除此之外，尘卷风还会不时来捣乱。这些尘粒到处都是，要把它们彻底清除出太空服和居住区非常困难。在这种干燥的沙质旋风中，颗粒不停地相互摩擦、产生静电，带来意想不到的麻烦。

2017 年，由爱达荷州的博伊西州立大学的布莱恩·杰克逊（Brian Jackson）领导的研究团队分析了火星表面的气压数据，结果表明尘卷风的出现频率远比我们预想的要高。研究数据显示，在火星上的任何一天里，每平方千米地表都会出现一个直径 13 米的尘卷风。假设你真的踏上火星表面，你将随时都能看见高达几十千米的尘卷风在地表肆虐。

探天之史

天文学是迄今为止最古老的学科。几千年来，它是人类导航和计时的重要工具，许多古迹中都保留着天文定位及校准的元素。

约公元前 3500 年

关于天文学的书面记录最早可追溯至苏美尔人，他们基于六十进制规定了角度的单位，我们在今天丈量天空时也仍然使用着这套系统。

约公元前 3000 年

中国天文学家发明了独特的方法，编写出了详细的星表，并记录了食、太阳黑子和新星爆发等多种天象。

公元 1543 年

尼古拉斯·哥白尼（Nicolaus Copernicus）建立了以太阳为中心的太阳系模型。

公元 1054 年

中国天文学家记录了一颗超新星爆发，其遗迹被称为蟹状星云。

公元 1570 年—1601 年

第谷·布拉赫（Tycho Brahe）对行星及其他天体进行了最为精确的观测。他证明了彗星和新星并非大气现象，而是遥远的天体，这对之前恒星天球万古不变的理论发出了挑战。

公元 1609 年

约翰尼斯·开普勒（Johannes Kepler）发表了他的三大行星运动定律之中的两条，其研究数据来自第谷·布拉赫和他自己的观测结果。行星运动第一定律证明行星的轨道是椭圆的，这彻底推翻了之前完美圆形轨道的假设。

公元 1781 年

威廉·赫歇尔（William Herschel）发现了天王星，这是首次发现新行星。

公元 1705 年

埃德蒙·哈雷（Edmond Halley）利用牛顿的理论计算得出，几个世纪前看见的某些明亮彗星实际上是同一颗，它在椭率很高的轨道上运行，每隔 76 年会飞到内太阳系来一次。

约公元前 250 年
埃拉托色尼（Eratosthenes）测量了地球的周长。

约公元前 140 年
亚历山大城的托勒密（Ptolemy）完善了以地球为中心的太阳系模型（地心），在行星运动中增加了本轮的概念。

约公元 800 年
伊斯兰天文学的黄金时代开始了。

公元 499 年
印度数学家阿耶波多（Aryabhata）发表了一部伟大的天文学著作，解释了食现象的成因，并给出了一年的精确时长。

公元 1610 年
伽利略将望远镜指向木星，发现了四颗大卫星。这在当时一下子将宇宙中已知卫星的数量增加到 5 倍，而且也证明了天体不必绕着地球轨道运动，有力地支持了哥白尼的日心说。他还完成了很多其他的天文观测，其中包括发现土星环。

公元 1687 年
艾萨克·牛顿对宇宙给出了物理论证。他发明了描述引力及引力作用的方程，两者结合就可以解释并精确预测宇宙中各个天体（包括行星、卫星等其他天体）的运动。这些都属于天体力学范畴。

公元 1814 年

约瑟夫·冯·夫琅和费（Joseph von Fraunhofer）发明了分光镜，并借此在太阳的光谱中发现了暗线。几十年后，科学家才意识到这表明了不同原子的存在。光谱学帮助了天文学家了解恒星、行星和星际云的化学组成。

公元 1938 年

汉斯·贝特（Hans Bethe）发现，正如爱丁顿所猜想的，核聚变反应是大多数恒星的主要能量来源。

公元 1924 年

埃德温·哈勃（Edwin Hubble）证实了众人的猜测，揭示了许多星云实际上是银河系外的其他星系。这极大地扩展了我们对宇宙的认知。几年后，他又证明了宇宙正在不断膨胀。

公元 1967 年

约塞琳·贝尔（Jocelyn Bell）和安东尼·休伊什（Antony Hewish）发现了脉冲星，这是一种由超新星形成的高速自转的超致密中子星。

20 世纪 70 年代—80 年代

旅行者 1 号和 2 号飞船首次向我们展示了木星、土星、天王星、海王星和那些引人注目的卫星的特写照片。

公元 1821 年

亚历克西斯·布瓦尔（Alexis Bouvard）认为有一颗未知行星的引力扰动在影响天王星的位置。

公元 1846 年

约翰·加勒（Johan Galle）第一个看见了布瓦尔所说的那颗行星。他是基于奥本·勒威耶（Urbain le Verrier）计算出的位置信息找到的，这颗行星被命名为海王星。

公元 1924 年

亚瑟·爱丁顿（Arthur Eddington）在他开创性的恒星物理模型的基础上，计算出了恒星质量和光度的关系，这也暗示了恒星的核心温度高达数百万摄氏度。

约公元 1910 年

埃希纳·赫茨普龙（Ejnar Hertzsprung）和亨利·诺利斯·罗素（Henry Norris Russell）把恒星的颜色和光度信息绘制成图，从而揭示了不同类别的恒星以及它们的演化趋势。

公元 1994 年

苏梅克－列维9号彗星撞击木星。

公元 1995 年

米歇尔·麦耶（Michel Mayor）和戴狄尔·魁若兹（Didier Queloz）发现了一颗围绕主序星飞马座51（51 Pegasi）旋转的行星。随后，人们又发现了大量系外行星。

公元 2016 年

LIGO（激光干涉引力波观测台）合作组织宣布首次探测到引力波，这个信号来自两个黑洞的合并。

公元 2005 年

惠更斯号探测器成功降落土卫六，我们首次看见了烟雾缭绕的巨大卫星的地表风景。

③

立于巨人之间

太阳系中四个巨行星上的大型风暴、超声速狂风、奇怪云型，以及尚未探明的地底深处已经足够令人印象深刻。然而，那些围绕着"巨人"运转的卫星也毫不逊色，深藏的地下海洋、火山、间歇泉，还有甲烷风暴等奇景都令人瞠目结舌。

行星之王

木星，一个比太阳系其他所有行星加在一起都要重的大个子，凭借自身的引力塑造了小行星带。它拥有非常强大的磁场，包含强劲的辐射带。木星非常慷慨，"收留"了大量游荡着的彗星在其身边，某种程度上，它的行为也保护了地球上生命的安全。

2016 年 7 月，美国航空航天局朱诺号探测器进入了木星轨道，这次任务旨在揭开行星形成的奥秘。朱诺号携带的 9 种观测设备凝视着像巨兽一般肆虐木星大地的风暴深处，对木星的结构展开了细致的观测和研究。它绘制出了木星的重力场和磁场分布，试着寻找固体行星核存在的蛛丝马迹，并观测到了木星大气中蜿蜒的极光。

朱诺号是第一架专程为了走近这个"气体巨人"而设计制造的探测器，它的轨道并非寻常那样环绕行星赤道，而是会飞越两极地区。这种特别的轨道路径能使探测器避开木星辐射带的伤害，以免电力系统被彻底烧毁。

2018 年初，朱诺号在完成了任务安排的 37 次轨道飞行后，从容地撞向了木星，以一种壮丽难忘的方式结束了自己的一生。

2017 年 4 月，朱诺号传回的早期数据动摇了研究人员对木星从里到外的各种假设。他们发现木星赤道地区集中分布着浓密的氨气，其他地方则不见氨气踪影，由此可推断木星上存在氨基天气系统。虽然我们早就知道木星被氨云所笼罩，但在云层下方 300 千米深处还能发现这样厚的气体带依然令人震惊。这同时也说明，木星上天气系统延伸的程度要远远超过早前的预期。

除此以外，木星的磁场比预想的更强、更不规则这个事实也令人惊讶不已。磁场的这种不规则性暗示了其动力驱动比之前预料的更加远离核心，分布较散，

或许位于金属氢层中。

之前的环绕观测结果也揭示了关于木星大气的一些新知。探测器上的相机拍到了木星极区数十个巨型气旋的精彩照片，每个气旋都有几百千米宽，这是之前从未有人预料到的奇景。在赤道以南的云带中则分布着奇怪的白色椭圆形斑点，它们很可能是氨和肼构成的云团，肼在地球上是被当成火箭燃料使用的物质。

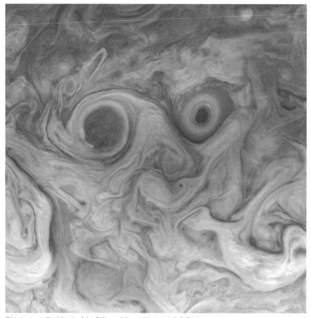

图 3.1　朱诺号在木星北极上方拍摄到的旋涡结构

消融的核

朱诺号的探测结果对已有的木星内部结构模型也发起了挑战。我们早前

假设木星的内部是均匀的。根据木星的重力分布数据，我们猜想由分子氢构成的大气层厚度约 1 千米，在此之下，压力增加，氢被挤压成金属态，质子在电子的海洋里蜿蜒穿过。在这个高度，会有从上层大气降下的由氦及其他元素构成的雨滴。在更深处，也许是一个直径约 7 万千米的较小固体核心。

朱诺号最初的重力测量结果显示，木星内层物质结构并不完全均匀，其核心并不是与地球类似的固体，而是边界处较为模糊，与外层的金属氢混合交融的状态。上述结论倒是与 2011 年的计算结果相符，当时的研究认为，木星的岩质核心可能像泡在水中的泡腾片一样正在发生溶解。

普遍认为，像木星和土星这样的巨行星最初都是由岩石和冰这样的固体构成的。但当它们"长大"到接近 10 倍地球质量时，引力作用会把气体从它们诞生的星云中向外抽出，在其外部形成主要由氢构成的厚重的大气层。奇怪的是，有些研究表示，木星的内核可能不足 10 倍地球质量，但它的小兄弟土星却拥有 15 倍到 30 倍地球质量的巨大内核。

一些研究人员提出，在木星中央极端的压力和高温作用下，它的核心可能溶解到周围的气层中，由于如此之高的压力，它看起来甚至有点像液态。木星核球被认为是由氧化镁构成的，所以就职于墨尔本的澳大利亚联邦科学与工业研究组织的休·威尔逊（Hugh Wilson）和加利福尼亚大学伯克利分校的伯克哈特·米利兹尔（Burkhard Militzer）利用量子力学方程来研究这些矿物质在木星上的状态。他们假设木星气压为地球大气压的 4000 万倍，温度为 20 000 摄氏度，结果显示，在此状态下氧化镁的确会溶解在流体中，而且随着时间推移，这些溶解后的岩质可能还会混入大气中。

土星的质量大约是木星的三分之一，环境没有那么极端，计算结果显示，如果土星核球也发生溶解，那么速度会比较缓慢。与此同时，如果一颗行星的

质量比木星还大，那么它核球的溶解速度会快得多，以至于许多巨大的系外行星（见第 7 章）可能根本就没有核球结构存在。

岩浆湖之境

木卫一是太阳系里的烈焰地狱。这个星球沐浴在强烈的辐射下，地表布满了硫化物洼地，不断喷发的火山造成地面持续震动。尽管有些地区冷得被二氧化硫霜层覆盖着，但这个巨大的木星内卫星却是目前已知的火山活动最剧烈的天体。木卫一的表面积只有地球的十二分之一，但这小小的星球喷发出的岩浆总量却相当于地球火山喷发熔岩的 100 倍。

木卫一的表面星星点点地缀满了沸腾的岩浆湖，其中最大的直径超过 200 千米，被称为洛基火山口（Loki Patera）。除了岩浆湖，还会有岩浆突然从岩质地壳的裂缝中喷涌出来，形成数条漫延 50 千米甚至更长的熔岩喷泉。2007 年，美国航空航天局的新视野号探测器在经过木星飞往冥王星的途中，就观察到了这些巨型熔岩流辐射出的热能。

其中有些喷发过程非常剧烈。如果地表的二氧化硫霜层被滚烫的岩浆流蒸发汽化，或者是气泡随着岩浆从地底向地表上升时产生破裂，高速喷溅出岩屑，就会形成 500 千米高的气体尘埃热柱。

木星以及木卫一的两个兄弟（木卫二、木卫三）之间的拉锯战才是造成这些异常剧烈的火山活动的根源。这两个卫星的轨道周期恰好分别是木卫一的 2 倍和 4 倍，这导致了它们三个很容易就会排成一列。随着时间推移，这种周期性合相造成的引力拖曳作用渐渐地使木卫一进入了椭长轨道里。当木卫一沿着这样的轨道运动后，木星对其引力就会变得时大时小，不停地拉扯木卫一上

的岩层。这种应力以及应变会从内部往外不断加热天体本身，这一过程也被称为潮汐加热。木卫一上的潮汐加热效应非常明显，甚至能熔化岩石，催生出大量火山。

2000年末，卡西尼号土星探测器飞掠木卫一，并对其上的三个热斑进行了快拍，这三处分别为皮兰火山口（Pillan Patera）、韦兰火山口（Wayland Patera）和洛基火山口。2013年，研究人员重新审视这些照片，通过计算这些湖泊的温度，伊利诺伊州马顿市湖滨学院的丹尼尔·艾伦（Daniel Allen）及其同事确认，这三个岩浆湖里的岩浆很可能都是同一种玄武岩熔岩。

他们还发现这三个岩浆湖具有不同的喷发类型。皮兰是三个岩浆湖中的"劳模"。早在1997年就有探测器观测到它的喷发，当时喷出的岩浆足足吞噬了5600平方千米的大地。根据卡西尼号土星探测器给出的温度数据可知，皮兰四周存在着大量冷却的岩石，它们把岩浆湖整个给围住了。相比之下，韦兰火山口显得有些后劲不足，艾伦表示，它的直径约95千米，看起来更像是一个冷却的熔岩流或者正在低活动期的岩浆湖。而洛基火山口就更加名不副实了，它虽然占地面积很广，跨越近200千米，但排放出来的热量仅占整个木卫一的13%。所以如果你亲临木卫一，就有可能会遇到恰巧能支撑住耐热的探测车的坚固地面，有可能会碰上熔融的泥沼，也有可能会目睹壮丽的熔岩喷泉。

这样极端的火山活动在宇宙中可能很寻常。比如，距离主恒星很近进行公转的系外行星科罗-7b，受到很强的引力拉扯。它的轨道只要稍呈椭圆，潮汐加热效应就足以使火山活动夷平地表。由此可知，木卫一或许就是百万个地狱般系外行星的一个缩影。

木卫一现在正在慢慢变冷，很可能是因为其公转轨道的椭率在不断减小。几千万甚至上亿年后，木卫二和木卫三的轨道共振会开始变得不那么同步，这

将使木卫一的轨道越来越趋近于圆形，几乎不再有潮汐加热效应。最终，木卫一的地狱之火将会熄灭。

暗黑深海

我们都知道生命的存在需要水，所以"追寻水源"一直是我们寻找地外生命时的座右铭。时至今日，火星上的勘探工作已经完成了大部分，但我们发现，水不是已经消失，就是以冰的形式被冻在地下。

相比之下，木卫二和土卫二在它们冰冻的外部壳层下却都保留了液态深海。在地球的大洋底部，生命活动仅仅依靠岩石和水之间的相互作用，所以天体生物学家就想知道这些极端生态系统里是否也会有生命的"回音"。目前，我们已开始在木卫二和土卫二上争相寻找与地球海洋中相似的生命痕迹，这将告诉我们太阳系里究竟是否还存在其他生命。

20世纪70年代，旅行者号探测器对木星进行了观测，同时也为我们揭开了木卫二隐秘海洋的第一个线索。旅行者2号探测器在木卫二的地表冰壳上发现了裂痕，这意味着地下存在着活跃的地质构造运动。伽利略号探测器在20世纪90年代再探木星时又发现了新的线索：木星的磁力线在木卫二附近出现了弯曲，这说明存在次级磁场。对此最合适的解释是存在一整颗星球量级的导电流体，而海水恰好符合这个要求。我们现在估计，这个被冰层覆盖的海洋深度为100千米。也就是说，木卫二上的盐水足够填满地球表面的洋盆近两次有余。

土卫二上海洋存在的证据则更加新鲜。2005年，卡西尼号土星探测器的数据显示，土卫二对土星的磁场产生了不可忽视的影响，这意味着肯定存在与

Photo credit: Kevin M. Gill on VisualHunt / CC BY

图 3.2　从土卫二南极附近的裂缝中，不断有冰粒与水蒸气组成的羽状物喷向太空

其相互作用的物体。但结果证明这只是天体生物学家的美丽幻想，那实际上是土卫二南极附近裂缝中的一束冰粒与水蒸气的混合羽状物的喷射。

卡西尼号土星探测器已经多次飞过这些喷发出来的羽状物。起初，其携带的仪器显示这些喷发物中存在有机化合物，羽状物底部收集到的粒子还富含盐分，这表明下方有海洋分布。随后，卡西尼号土星探测器又探测到了氨的存在，它能在非常低温的环境下起到防冻剂的作用。综合以上种种线索，我们有理由相信土卫二地下存在液态海洋，而且还具备构成生命的一些基本条件。

随着探测继续，宝藏般的线索不断涌现。2015 年 3 月，负责卡西尼号任务的科学家在羽状物中确认了硅酸盐颗粒的存在，这些粒子很可能是在热液喷口的反应中产生的。同年 9 月，针对土卫二外壳下沉滑动的测量结果使科学家越发确信，土卫二上存在全球范围的海洋，其深度在 26 千米到 31 千米范围内。与木卫二的海洋相比，这个深度就像个浅浅的嬉水池，但已经比地球海洋

要深了。

我们什么时候才能探访土卫二呢？美国航空航天局已经计划在 2022 年 6 月发送探测器。届时，探测器上将配备用来检测海水咸度的磁强计，以及用来确认固体外壳与液态水层交界位置的探冰雷达。为了寻找组成地球生命蛋白质的构成要素，甚至还可能配备一辆用于探测氨基酸的着陆器。

美国航空航天局也征集了关于探测土卫二的提案。其中之一是"土卫二生命发现者"项目，探测器按计划会对羽状物进行采样，然后利用携带的仪器在样本中寻找更大的分子，并更加精准地区分各种化学特征。有些提案甚至建议，直接将土卫二上的样本带回地球进行研究分析。

如果一切顺利，这些探测器将会在 21 世纪 20 年代晚期到达这些海洋星球。与此同时，对于木卫二上的羽状物以及土卫二上的隐秘海洋，我们还有很多研究工作可以做。我们可以利用地基望远镜对它们的地表进行勘测，确认会有水喷出的裂缝位置，发现留存在地底海洋的沉积物中的隐秘证据。我们还可以根据地球物理学对它们建模，使它们在远离太阳的情况下保持流体的存在，并且有可能产生适合生命存在的宜居环境。然后，我们就能以地球上的类似物为指导开展下一步的对应搜寻。

在地球上，深海烟囱多分布在构造板块的交界处，那里的岩浆不停地在海床上形成突破口。长久以来，我们一直认为这类环境是孕育生命的温床。海底深处昏暗无光，到处是不停喷涌的滚烫间歇泉，这种浑浊的水被称为"黑烟囱"。在这里，细菌以化学物质为食，其他各种生物又以这些细菌为食。对于木卫二和土卫二来说，它们也可以通过与寄主行星的潮汐推拉过程获得足够的能量，从而熔融核心，进而为类似于深海烟囱的热液喷口提供燃料。

值得庆幸的是，现在我们知道了另一种可能性。2000 年，我们在大西洋

洋面下的失落之城（Lost City）热液喷口处有了新的发现。这里并没有板块运动的踪影，但却存在着蓬勃发展的热液生态系统。失落之城的这个热液喷口的能量来源是一种被称为蛇纹石化作用的化学反应。当地壳中碱性的岩石遇到酸性的海洋时，它们会发生反应产生热，并释放出氢气。接着，这些氢气又会与溶解在海水中的碳化合物发生反应，其产物将成为微生物的食物。迈克尔·罗素（Michael Russell）曾经是一名地质学家，现在研究天体生物学，就职于加利福尼亚州帕萨迪纳市的美国航空航天局喷气推进实验室，他认为地球上最早出现生命的地方可能与失落之城热液喷口的环境非常接近。

为了确认土卫二上是否会发生这种情况，卡西尼号研究团队一直在寻找羽状物中的氢。羽状物中的物质粒子在进入卡西尼号的质谱仪后，会与仪器的钛金属内壁发生反应，这一过程会产生氢。所以，虽然早期的探测的确显示出氢的存在，但无法确定这些氢是来自土卫二还是由仪器内部本身造成的。研究团队因此不得不将仪器调成新的模式，使测量过程中的分子不会与内壁接触。利用卡西尼号土星探测器最后一次穿过羽状物的采样数据，他们终于找到了寻觅已久的分子氢，而且数量众多。现在看来，小小土卫二上的冰壳或海洋中能储藏这么多的氢，说明肯定有什么反应在持续不断地制造氢，很有可能就是水热反应。

木卫二上很可能也有蛇纹石化作用，而且效果比土卫二上更明显，这意味着木卫二上与海水相接触的岩石面积更大。2016 年，美国航空航天局喷气推进实验室的凯文·汉德（Kevin Hand）及其同事发表了一项研究，其中提到木卫二的海洋与地球海洋的化学平衡状态非常相似。他们假设木卫二海床上的断裂能一直往下延伸 25 千米，直到岩质内部，据此进行计算后发现，将有非常大面积的岩质表面会与水发生反应，并释放出大量的氢。

根据目前已知的生命形式，只有当吸收电子的氧化剂（比如氧）与释放电子的还原剂（比如氢）相遇并反应后，才可能以电子的形式释放生物赖以生存的能量。虽然木卫二上没有像地球这样的能进行氧气循环的大气，但我们现在已经知道来自木星的辐射会在其表面制造出氧化物。汉德及其同事认为，这些氧化剂会因为循环从地表进入海洋。未来前往木卫二的探测器上或许将携带地壳测震仪，那时我们就能验证这个设想了。

当然，不同星球上的生命也许会遵循不同的演化规律，或者生命本身的构成要素也截然不同。所以，除了有机分子和氨基酸，我们还能寻找哪些生命的信号呢？这正是天体生物学家一直以来思考的问题，但这个问题的答案可能要等到我们发现了不同形式的外星生命才能给出。

如果有一天，我们真的在这些遥远的卫星上发现了碱性的深海烟囱类似物，那么我们找到其他外星生物的可能性就大大降低了。而且我们可能还需要接受这样的现实：类似的适合生命存在的环境可能都深藏在冰冻星球的壳层之下，比如木卫三、木卫四这样巨大的木星卫星，或者谷神星这样的矮行星。随着探索和研究，现在我们已经知道在太阳系里，冰冻壳层下隐匿着海洋的情况非常普遍。或许这才是生命产生的默认环境，而我们拥有广阔洋面的蓝色星球才是特例。

光环大师

土星宛如太阳系里的一颗宝石，那绚丽的光环使这颗太阳系第二大行星显得独一无二。它的透明度是所有行星中最高的，密度甚至比水还低；而且由于它高速自转，它的两个极区明显变平，成了最扁的一颗行星。

2004 年，卡西尼号土星探测器到达了这颗美轮美奂的星球上空，打开了它全套的探测设备开始观测。它的观测数据刷新了大部分我们以前关于土星的认知，并且展示了这颗拥有美丽亮环的行星上许多惊人的新特征。比如，在土星北极地区出现的巨型六边形涡流就是这次观测发现的。卡西尼号土星探测器还对土星的卫星进行了巡视，发现了土卫八截然不同的两个半球、土卫七奇怪的侵蚀后地貌、土卫二上喷涌的间歇泉，以及巨大的土卫六上面的甲烷河湖。

深渊回音

即使是先进的卡西尼号土星探测器，也无法穿透土星的绚烂云带看清下面的风景。但在 2015 年，它却获得了一个关于土星内部的诱人线索。土星环系统中的扰动说明了全球性的海啸正在赤道地区肆虐，这暗示了土星内部的惊人构造：或许存在一个数千千米深的巨型漩涡，或许是一个深深藏匿的光球，甚至或是其他更奇怪的结构。

1980 年，旅行者号的第一项任务就发现了土星环是螺旋状密度波结构的发源地，它看上去与旋涡星系的旋臂有些类似。由于土星卫星的引力作用，这些密度波大部分由内向外辐射延伸。但是，也有一些密度波反其道而行之，向着中心延伸，研究人员推测它们可能是土星内部深处更大规模的波的回波。

传统观点认为，土星是一个均匀的流体球，由氢和氦的混合物构成，具有平滑的表面；在这种情境下，就会形成环绕赤道的波结构。这种行星波里的峰谷重力梯度就足以在土星环中制造出反向的密度波。

不过仅利用旅行者号发回的有限数据，我们并不能百分之百确定。为此，康奈尔大学的菲利普·尼科尔森（Phillip Nicholson）及其同事开始从卡西尼号土星探测器的观测数据中寻找蛛丝马迹。卡西尼号探测器直到 2017 年为止都

一直在环绕着土星运行。他们利用这些数据追踪到了土星内环中的几个螺旋状结构，由此推断，在土星的流体物质中的确存在环绕着它的行星波。这下事情的走向变得奇怪了。

如果之前的理论是正确的，那么作为一个简单的流体球，这个行星上每个波的速度都应该与其峰数相对应。一个三峰波的传播速度比两峰波要慢，以此类推。研究人员希望能找到各种螺旋状结构的对应实例，它们理论上都应该具有既定的速度。但事实与之相反，尼科尔森的团队发现了三个独立的、速度略微不同的类似三臂结构的密度波，以及两个独立的具有双臂结构的密度波。

对此的一种解释是，土星内部存在一个巨大的、以某种方式振动着的固体核，它会对外部的简单流体波产生扰动。虽然这个解释仍然与传统的行星形成理论保持统一，但要产生这些特定的波仍需要一些精细的调整。

或者，在土星上存在一层性质特殊的氢氦混合物。在某些时候，氢和氦的分子会分解成独立的原子，使得这种混合物变得相对透明，形成了一个发光的球体，以不同的方式振动。如果情况真的是这样的话，我们就可以根据这些螺旋状密度波了解这层压力之下的物质情况，这是目前的计算机模拟结果还无法告诉我们的。

不过，最令人觉得奇怪的现象是有一些螺旋状波结构的移动速度与土星的自转几乎完全相同。对此也有一种解释认为，这些是土星上长期存在的丘陵和山谷地貌。考虑到土星的流体特性，这就相当于在海面上发现了山丘。

就算在土星上，也要遵循物理定律，所以液态的山丘显然不是正解。尼科尔森的同事玛丽亚姆·莫塔米德（Maryame El Moutamid）对此提出了另一个猜想：在土星内部深处有一个巨大的漩涡，其密度要比周围的液态物质小，从而产生的引力作用也较小。这样就会使土星的引力场出现凹陷，进而可以解释

这些螺旋状密度波的出现。

环之起源

壮观炫目的土星环实际上是由数万亿的冰冻碎片构成的。它们受到小卫星的引力牵引，在成千上万条精细的轨道上运行着。通过研究土星环上出现的螺旋状结构，研究人员能进一步挖掘年轻恒星周围尘埃盘中行星起源的秘密。但是，土星环本身的起源仍然难以捉摸。

目前一种较为流行的观点认为，一颗小行星或者彗星在从土星身边经过时，被引力扯碎，从而形成了土星环。但这并无法解释为什么土星环中的主要物质是水冰，而其他气态巨行星的环都是岩质的。

2016 年，日本神户大学的兵藤隆规（Ryuki Hyodo）及其同事构建了一个新的行星环形成模型。他们考虑到飞过行星的小天体在空间中的自转方向：相对于被环绕行星而言，小天体是在同向地翻滚前进，还是以后空翻的形式转

图 3.3　土星环中的振动表明，在土星色彩斑斓的云层之下发生着不同寻常的事情

动？研究团队发现，如果小天体的自转方向和它所环绕行星的运动方向相同的话，则该小天体会更容易被瓦解，形成的碎片也会被更多地吸入行星环中。这是因为小天体更靠近行星的一侧受到的引力作用更大，在运动过程中就会被拉拽向这个方向转动。如果行星的引力作用还需要与小天体的自转运动抗衡，那么与自转方向和运动方向一致的情况相比，最终被扫进行星轨道内的物质碎片将变少。

接着，这个研究团队又针对土星和天王星分别进行了数值模拟，来进一步确认飞过的小天体的不同自转方式会产生哪些影响。他们模拟了更加复杂、更加逼真的情况：这次的小天体不再是一个均匀的球体，而是一个有着坚硬的岩质核心、外层被冰幔包裹的天体。

在对土星的模拟中，只有小天体的外层冰水物质被土星俘虏，进而形成了会演化成今天这种冰冻物质带的原环结构。不过，对天王星的模拟却显示它的环中岩质物质更多。这是因为天王星的密度要比土星大，所以其引力作用能影响到小天体更深处的岩质部分。

可是令人费解的问题并没被解决。在40亿年前早期太阳系的骚乱中，土星和其他巨行星最有可能受到众多天体的袭击。从那时起，这些天体大部分不是砸向了行星，就是被弹射到了太阳系外。理论上，随着时间的流逝，行星际尘埃会对星环造成污染，但土星环系统中纯净的水冰物质却证明了它其实更为"年轻"。卡西尼号土星探测器的观测结果显示，土星环的质量其实比预想的要小，这使它们的稳定性降低，很有可能没法持续数十亿年。那么，是不是土星曾非常幸运地在近期遇见了一个飞过的冰质天体，还是说它在某次轨道改变的过程中扯碎了自己的某个卫星？又或者，这个土星环根本就是与土星一起形成的，只是出于某种未知原因没有受到污染？

泰坦之海

天空呈现出诡异的橙色，仿佛永无止境。巨大旋涡的轰鸣声潜伏在周围，令人不安。不断聚集的大规模云团仿佛在暗示，它们可能会带来的滔天洪水比地球上出现过的任何极端天气带来的都猛烈。也许此时外星水手会开始犹豫，是否应该冒险冲入"海妖之喉"呢？

或许有一天，土星的巨大卫星土卫六——又名泰坦星——上就会出现这种场面。土卫六是太阳系中唯一具有浓厚大气层的卫星，也是除了地球以外，唯一已知表面存在液体的星球。在地球上，河水从岩石山脉中湍流而过；而在土卫六上，液态甲烷构成了溪流，水凝固形成的如铁般坚硬的冰块构成了山丘和平原。

在卡西尼号土星探测器到达之前，科学家就已经计算出甲烷和其他液态碳氢化合物有可能会聚集于土卫六的海洋中，甚至有可能覆盖全球。但是由于橙色的云雾遮住了土卫六的表面，所以谁都无法确定真相。为此，卡西尼号土星探测器携带了可飘浮的着陆器——惠更斯空间探测器。

2005 年，惠更斯空间探测器一头扎进了橙色雾霭中，随后发回了多张与地球景观非常相似的奇异照片。这个着陆器落在了砾石覆盖的滩涂上，那里的地表浸泡在甲烷中，但却不是想象中的海洋模样。

2006 年，凭借卡西尼号土星探测器的雷达数据，我们首次揭开了土卫六上湖泊的神秘面纱。雷达探测器能穿透烟雾，所以每当卡西尼号土星探测器飞过土卫六表面时，都能绘制出其表面窄窄的一条区域。随着观测数据的日积月累，我们终于在液态区域中找到了一些大到足以称为海洋的目标。最大的一片海约有1000 千米长，以北欧传说中海妖的名字命名，被称为克拉肯海（Kraken Mare）。

2013 年 5 月 23 日，卡西尼号土星探测器在土卫六第二大海丽姬娅海（Ligeia Mare）上低空飞过。它的雷达朝着正下方，发出尖锐的射电波脉冲，通过测量电波反射回来所用的时间，进而确定下方陆地和海洋的高度。

研究团队在最初确认数据时，首先发现了预期中的从海面返回的一个回波信号，然而接着又发现了一个较弱的回波信号，比前一个信号晚了不到一微秒，它是从海底反射回来的。这是科学家第一次在地球以外探测到海洋或者湖泊的深度数据。根据第二个回波信号的反射时间可知，丽姬娅海的深度大约为 160 米。

令人更加惊讶的是，我们能直接看到海床。土卫六的大气层充满了能够

图 3.4 雷达探测器测得了土卫六第二大海丽姬娅海的深度，并且揭示了其海水的成分

吸收射电波的复杂碳氢化合物分子，人们以为这些分子同样会使海洋变得浑浊。但由目前的观测数据可知，丽姬娅海里显然没有那种复杂的碳氢化合物分子，最有可能的或许是某种乙烷和甲烷的混合物。

考虑到甲烷会从海洋中迅速蒸发，行星科学家判断较难蒸发的乙烷会成为主要成分。但是最新的实验室数据显示，乙烷对射电波的吸收过于严重，以至于我们无法清晰地对土卫六的海底进行观测。因此，就像 2011 年浇透了赤道大片地区的那场季节性的暴风雨一样，我们也需要纯净的甲烷将土卫六北部的这些海洋洗刷得焕然一新。

卡西尼号土星探测器还发现了丽姬娅海的一个奇怪特征：有个"魔法岛"时而出现，时而消失。一些研究人员认为，所谓的"魔法岛"可能是从甲烷海洋中不断冒出的大量氮气泡。

释放"海妖"

作为最大的外星海洋，克拉肯海显得尤为令人着迷，土卫六上大部分的海洋探测任务都以它为目标。克拉肯海几乎被地岬和一连串岛屿一分为二了。亚利桑那州立大学图森分校的拉尔夫·洛伦兹（Ralph Lorenz）把这个地形特征命名为"海妖之喉"，他意识到在这海中分界线上一定会发生特别的现象。由于受到土星的引力作用，土卫六的海洋理论上会出现潮汐。随着卫星在公转轨道上不断运动，克拉肯海的潮汐涨落大约达 1 米。当海浪向北岸涌去时，南边的潮水相应退下，这些海水会经过"海妖之喉"，从海的一边运动到另一边。

根据洛伦兹的计算，这里的潮汐流的速度可达 2 千米 / 时。你也许觉得这速度并不快，但是要知道土卫六上的重力远小于地球，而且这片"海水"的密度也比地球上的要小许多，所以即使是这种很温和的潮汐流也可能使克

拉肯海变得狂暴。他将"海妖之喉"比作苏格兰的西海岸——在那里有两个岛屿形成了科里弗雷肯海峡。在地球上的此处，同样的潮汐流搅动海洋表层，制造出了世界上最大的旋涡之一。那么，克拉肯海是否也存在这样的旋涡呢？如果旋涡真实存在，那将是一个巧合：被用来命名克拉肯海的海妖在传说中就是靠制造海中旋涡把水手拖入深海的。

冰封世界

撇去神话中的怪物不论，土卫六的海洋中是否存在真实的生物呢？如果真的存在的话，它们一定是极其诡异的。在地球上，每个活细胞都被脂质薄膜包裹着，大部分由水构成。但是在土卫六上，地表平均温度仅有零下149摄氏度，就连液态水都不能存在，这些成分都无法保持地球上的状态。

不过，在2017年，马里兰州格林贝尔特美国航空航天局戈达德航天中心研究院的穆琳·帕默（Maureen Palmer）及同事报告说，他们在土卫六含氮的大气中发现了丙烯腈的踪迹。根据2015年的一项研究结果，丙烯腈这种物质特别容易形成稳定且有韧性的结构，对于构建类似细胞膜的结构来说不可或缺。而帕默的研究结果显示，土卫六上有着大量的丙烯腈。在拥有如此丰富的基础材料条件下，薄膜就有可能生长得足够大，以支持类似细胞那样的复杂内部结构存在。

当然，只有薄膜还是不够的。在土卫六的高层大气中，卡西尼号土星探测器已经检测到了一种被称为碳链阴离子的粒子，它可能有助于生命的演化。伦敦大学学院的拉维·德赛（Ravi Desai）及同事认为这种阴离子可能会形成更靠近土卫六表面的更大、更复杂分子所需的"种子"。

土卫六之旅

在距离地球 10 亿千米处的海湾和海滩上，土星环缓缓从波浪与旋涡中升起，奇异的化学物质或许正在点亮最初的原始生命。土卫六是一个如此令人神往的目的地，一些行星科学家已经做好了发射太空船甚至潜水艇的计划，准备前往遥远的异域海洋一探究竟。

2010 年，得克萨斯州圣安东尼奥西南研究所的亨特·韦特（Hunter Waite）提出了一项潜水艇任务的构想。他设计了一艘携带有潜水艇的漂浮母舰，通过向潜水艇的空蓄水舱中灌入甲烷而使其下潜。随后，在潜水艇需要上浮时，只需要丢弃这个蓄水舱即可。

土卫六的海底可能存在有机沉积物，蕴含着丰富的物质宝藏。此外，如果土卫六内部的液态水是从海底往外渗出的话，那么土卫六的环境就和早期地球的无氧、富含有机物的环境非常类似了。潜水艇还可以测量各种化学物质的同位素混合物，帮助地质学家进一步了解土卫六的形成与演化。

侧转行星

我们太阳系中绝大部分行星的自转轴方向都是相似的：自转轴与其公转轨道平面大致垂直。天王星却是个奇怪的特例。它的自转轴躺倒了，倾斜的角度接近 98 度。

纵观太阳系，天王星的磁场也是最奇怪的。它的磁轴与自转轴的夹角约为 59 度，不在行星的几何中心，磁力线从行星中心往南极方向的三分之一位置处涌出。我们地球的地磁场类似于一个条形磁铁产生的磁场，而在天王星上，两处相距不远的区域的磁场都可能是相反的。

与其他行星一样，天王星的磁场也在其周围形成了一个被称为"磁层"的气泡。一个在 2017 年建立的模型表明，天王星磁层的边界每天都会猛然打开或关闭。

众所周知，磁层像屏障一样能保护行星免受太阳风的袭击。当行星磁层的运动方向和太阳风的方向一致时，太阳风就会像鸭子背上的水珠那样滑落。但如果水珠是逆着鸭子的羽毛冲去，鸭子就会被打湿了。同理，当太阳风以直角方向吹向天王星时，天王星的磁场会与太阳风交织在一起，并让一些带电粒子流过。

上述这个过程也叫磁重联，偶尔会在地球的两极附近出现，太阳风在吹入带电粒子流的过程中加剧了极光现象。亚特兰大佐治亚理工学院的卡罗尔·帕蒂（Carol Paty）及其学生曹欣（Xin Cao，音译）模拟了天王星的这个过程，结果显示，天王星磁层的保护会关闭和开放，这种现象每天（此处指天王星上的一天，对应地球上的时间为 17 小时）都会发生。这也可能会导致天王星上出现极光。

奇异的水

磁场中的有些奇异特征可以用同样奇异的水来解释。1999 年的模拟和 2005 年的实验结果均显示，在极高压、极高温的条件下，水可能以既像固体又像液体的状态出现。水分子中的氧原子和氢原子将会被电离，氧原子会形成格子状的晶体结构，氢离子则会像液体一样流过晶格。这种"超离子"水会在约 2000 摄氏度以上时形成，并发出黄光。

无论是天王星还是海王星，它们内部深处都具有形成超离子水的理想条件。2010 年，德国罗斯托克大学的罗纳德·雷德默（Ronald Redmer）领导的

研究团队对此构建了新的模型，并发现这两个行星都拥有一层厚厚的超离子水。在具体模拟中，他们假设两个行星内部均为最极端的环境：温度高达 6000 摄氏度，压力是地球大气压的 700 万倍。结果显示，这层超离子水的分布范围能从行星的岩核一直向外扩张到距离表面一半处。

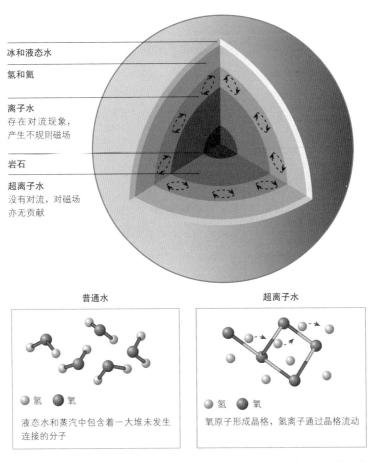

冰和液态水

氢和氦

离子水
存在对流现象，
产生不规则磁场

岩石

超离子水
没有对流，对磁场
亦无贡献

普通水

超离子水

● 氢 ● 氧

液态水和蒸汽中包含着一大堆未发生连接的分子

● 氢 ● 氧

氧原子形成晶格，氢离子通过晶格流动

图 3.5　在天王星和海王星的岩核外部似乎有一层超离子水包裹着。超离子水可能并不会发生对流，这有助于解释两个行星奇异磁场的形成原因

这个结果与 2006 年的一项研究非常吻合。多伦多大学的萨宾·斯坦利（Sabine Stanley）和哈佛大学的杰里米·布洛克斯汉姆（Jeremy Bloxham）主持了这项研究，他们试图解释天王星及海王星的磁场如此不完整的原因。

斯坦利和布洛克斯汉姆的研究显示，在这两颗行星的内部都存在窄窄的一层导电物质，它们不断翻滚搅动，进而形成了磁场。这个导电层是由普通离子水构成的，其中分子已被分解成氧离子和氢离子。这项研究工作还表明，对流区不会延伸到距离行星中心一半以下更深处，否则将会形成一个类似条形磁铁般的更有序的磁场。

至此，斯坦利和布洛克斯汉姆计算出的对流区与非对流区的过渡层深度倒是显得不那么重要了，因为这个区域会被超离子水占据。不过，超离子水也能通过氢离子流导电，所以肯定还存在一些机制阻止了超离子水的翻滚搅动，从而使得磁场更加有序。

对红外辐射或者热量来说，超离子水有可能是接近透明的。超离子水中的电子可以吸收红外辐射，但是模拟结果显示这些电子更多地停留在氧原子附近，进而使绝大部分空间对热量都没有阻碍。这种模式更有利于行星中心的热量通过超离子水向外辐射，而不是仅仅在底部积聚。这也符合对流发生的必要条件。

神秘风暴

2015 年，天王星上出现了规模庞大的明亮云系，就连地球上的天文爱好者们也能观测到。加利福尼亚大学伯克利分校的伊姆克·德·帕特（Imke de Pater）在 2014 年 8 月 5 日和 6 日对天王星进行了观测，她惊讶地发现

了异常明亮的高云特征。

天王星上的天气变动一般出现在每42年更替一次的春分和秋分日，届时太阳会直射赤道。但是天王星上最近一次的昼夜平分出现在7年前，所以这次天气系统的突然活跃的确难以解释。德·帕特及同事利用哈勃空间望远镜找到了不同纬度上的多个风暴，这些很可能与大气深处的涡旋有关。

世界的毁灭者

太阳系最外围的一颗大行星是深蓝色的海王星。它有着太阳系的最高风速，还有着被称为大暗斑的巨大永久风暴，看起来，它的过去也很是狂乱动荡。2010年，有研究人员表示海王星很可能吞并了一个超级类地行星（大质量的岩质行星），并俘获了它的卫星。这种"残忍"的行为或许能解释这颗冰冷的行星中辐射出的神秘热源，以及海卫一的诡异轨道。

至今，海王星本身都仍旧是个谜团。对于形成行星的尘埃云来说，离中心太阳越远，云层就越稀薄。那么，为什么天王星和海王星这两颗最外围的行星能够在物质匮乏的情况下依旧"茁壮成长"呢？这实在是令人费解。

难道它们出生在太阳系更靠内的地方吗？ 2005年，一个科学研究团队提出巨行星曾在早期动荡阶段移动过位置。他们认为，天王星和海王星早期形成于比现在更靠近太阳的区域，随着时间流逝向太阳系外层迁移，或许在这个过程中天王星和海王星还发生过位置交换。这场动荡可能引发了彗星狂潮，造成了所谓的晚期重轰击，对内太阳系带来了不小的冲击。

根据坦佩市亚利桑那州立大学史蒂文·德施（Steven Desch）的计算结果

可知，在天王星和海王星诞生地更外侧的区域里存在着大量的物质，足以形成一个两倍地球质量的行星。研究人员认为，作为海王星独特卫星的海卫一曾经有这么一个假想中的超级类地行星与之相伴。

海卫一是一颗巨大的卫星，它围绕海王星进行轨道运动，方向与后者的自转方向相反。这些特点都意味着海卫一并不是形成于此，而是被海王星俘获的，而俘获的过程中卫星必然会大幅减速。有可能在海卫一与海王星相遇后，海卫一的一个"伙伴"天体带走了属于它们系统内的大量动能。

2006 年，有研究人员提出海卫一曾经有一个大小相仿的"伙伴"天体，两者携手闯入海王星附近后，另一颗因为海王星的引力作用而被抛向了太空。但是德施通过计算认为，如果这个"伙伴"天体是一个大质量的超级类地行星，那么它将带走更多的动能，进而海卫一的速度也会比现在观测到的更慢。

在漫长的演化过程中，海王星或许已经把这个超级类地行星吞并了。吞并带来的巨大撞击遗留下来的热量或许就能解释，为什么天王星会比它的兄弟——海王星——辐射更多的热量。

天王星和海王星上都是冰吗？

天王星和海王星被称为冰质巨行星，但并不是说这些行星上充满了我们日常生活的那种冰。行星科学家用"冰质"来指代外太阳系小天体上那些在特定温度下冻结的化合物。比如，彗星就被认为属于"冰质"。区别于主要由氢和氦构成的木星和土星，一般认为天王星和海王星的内部主要由水、氨、甲烷和其他冰质物质构成。它们并非凝结的固体，在行星中心高温、高压的环境下，这些化合物是液态的。

4

狂野边境

从海王星再向外，我们就来到了冰雪世界。我们曾把这儿当成是太阳系里平凡无奇的一小块属地，直到最近在这里发现了众多矮行星，并且看见了新视野号带来的冥王星精彩照片，我们才恍然大悟，这是一片变化多样、精彩纷呈的洞天福地。而且在我们的视线之外，还悄悄潜伏着一颗不小的行星。

冥王星首秀

从 1930 年冥王星被发现以来，漫漫 85 年里，它对于地球上的观测者来说始终只是个暗淡的小点。在 2015 年 7 月美国航空航天局的新视野号发回冥王星的第一张"近照"之前，没人能预料它的真实面目。

研究人员看见冥王星的高清图片后，深深震惊了。这颗矮行星与我们曾经造访的天体都不一样。在复杂得惊人的大气之下，是漂浮着的山丘、令人生疑的冰火山以及类似火星高地的皱裂地形。最令人吃惊的是冥王星表面那些光滑的区域。考虑到冥王星形成于太阳系早期阶段，而且一直经受着各种天体的袭击，研究人员本以为会看见一颗满是陨石坑的星球。但是，新视野号却观测到了平滑的地形，这说明冥王星上地质运动很活跃。

最奇怪的要数斯普特尼克平原（Sputnik Planum）了，它宽达 1000 千米，被分隔成了多个几十千米宽的多边形。这些其实是对流形成的图案，它们证明了斯普特尼克平原上的氮冰正在上下搅动、不停翻滚，就像太阳表面或是平底锅中的油一样。

虽然这种缓慢运动的旋涡看上去奇怪而且出乎我们的意料，但也并不是那么难以理解。氮冰不仅很软，还是很好的热绝缘体，所以只要下方有非常微弱的热源就会造成温度上升，进而引发对流现象。冥王星在湍动形成过程中剩下的小部分热量，加上其核心中放射性微量元素衰变产生的更小一部分热量，估计能在每平方米的面积上增加大约 4 毫瓦的能量，这些就足以驱动斯普特尼克平原上的对流了。

在这片充满涌动、不断变化的地表上布满了怪异的麻点状坑洼，这可能是氮冰在升华过程中留下的痕迹。在某些对流单体的交界处堆积了块状物（图4.1），

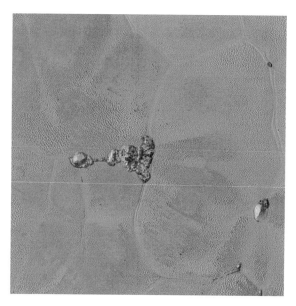

图 4.1　在冥王星斯普特尼克平原上，漂浮的冰山聚集成形，研究人员戏称其为克林贡“猛禽”飞船

它们也许是漂浮在高密度氮上的水冰山丘。在斯普特尼克平原的西北侧，冰块堆积在伊德里西（al-Idrisi）群山之中。这些近千米高的山脉或许是漂浮着的，或许已经搁浅了。

氮雪与冰火山

以氮为主的冥王星大气层又冷又薄，其地表大气压接近于地球上 80 千米高处的气压值。由细小的气溶胶颗粒构成的雾层从地面向上蔓延，一直高达 200 千米。

这里的天气看起来与地球上的非常相似，只不过由氮循环代替了水循环。氮从斯普特尼克平原上的冰雪中升华的过程，像极了地球上海洋中水的蒸发现象。随后，它会像雪花一样从天空飘落下来，或者像霜一样冻结在东部高地之

上，最终一并流淌回冰川平原。根据目前的观测，有迹象显示某些地方存在氮雾，甚至氮云。

与冥王星表面分布的其他嶙峋突兀的山脉不同，赖特山（Wright Mons）是一个圆丘，中心还有一个巨大的深坑，看上去像极了一个火山。假如4千米高的赖特山真的是火山的话，那么它和旁边更高的皮卡德山（Piccard Mons）将不会喷出熔岩，取而代之的是一些温度较低的流体，很可能是水混合了某种物质，使得熔点降低。

赖特山并不是矮行星幼年时期的遗迹。要知道冥王星表面到处是被太空垃圾袭击后的痕迹，而赖特山的两侧几乎没有任何可见的陨击坑，由此可知它还没有经历这么长时间的"风吹雨打"，或许还不到10亿岁，或者只有几百万年的历史。它究竟是个死火山，还是只是处于休眠阶段呢？

环形山疑踪

在冥王星以及巨大的冥卫一上，研究人员都发现了大型环形山相对较少的情况。这或许能透露一些关乎行星形成的重要线索。

根据以前的理论图景，在太阳系早期阶段，被称为星子的那些较小的天体会从小石块开始不断聚集，慢慢变成较大的岩石。在此过程中，会产生大量直径为几千米的天体，相对来说，直径几十千米或者几百千米的天体则要少得多。

各种大小的星子都会持续不断地撞向冥王星和冥卫一，在地表形成环形山。目前冥王星上观测到的环形山比预期的要少，这似乎与传统的理论图景有些矛盾。不过，另外一种"砾石**吸积**"模型可以解释这种情况。这种理论认为，大量的小砾石被包裹在气体中，此时发生的突然坍缩几乎会在瞬间形成较大的星子。无论是像冥王星这样的较小冰质行星，还是拥有固体核的气态巨行星，

或者是类似地球这样的温暖岩质行星，对它们来说，这种过程或许是形成历史上的重要阶段。

峡谷地貌

冥卫一的直径约为冥王星的一半，因此也成了太阳系里相对宿主行星来说最大的卫星。有些研究人员甚至认为冥王星与冥卫一是一对孪生矮行星。

在新视野号到达之前，我们一直以为冥卫一上是一个乏味单调的世界，然而现在呈现在我们眼前的却是丰富多彩的景观地貌。在赤道以北是一条断裂带，峡谷地貌蜿蜒了近2000千米之远。它比地球上壮观的科罗拉多大峡谷还要长3倍，深度也是后者的2倍。由此可知，冥卫一上曾经有过地壳被撕裂的狂暴时期。

图 4.2　冥王星的巨大卫星冥卫一上横贯着壮阔的断裂带和峡谷

赤道以南则是一马平川，被称为瓦肯平原（Vulcan Planum）。这片区域上的大型环形山比北部要少，说明此处是最近才形成的。有可能是冥卫一内部的海洋冻结后，地壳出现了裂缝，进而导致内部的岩浆涌出了地表。

冰雪袭来

除了冥王星之外，还有成千上万的冰质天体在海王星轨道以外运动着。这些**海外天体**（TNOs）大部分位于距离太阳 30AU 到 50AU（1AU 即为 1 个天文单位，等于平均日地距离）范围内的平坦盘面内，这个区域也被称为**柯伊伯带**。

还有一些海外天体则在更加倾斜的椭长轨道上运动，共同构成了散盘结构。它们被认为是短周期彗星的来源。这些天体容易受到巨行星的引力摄动而变得不稳定，偶尔就会有一两个天体被甩入内太阳系，在接收到太阳的热辐射后，天体上那些古老的冰冻物质就变成了明亮的彗发和彗尾。

2016 年，研究人员就发现了一个这样的天体，它的运动轨道与其他行星的运动轨道平面夹角近 110 度，而且围着太阳绕转的方向也与其他行星相反。发现这个天体的团队用中文里形容叛逆的词"逆骨"（Niku）为其命名，至今我们还不清楚造成其轨道如此反常的原因。

目前大部分已知的海外天体尺寸在几十千米到几百千米，新视野号在 2019 年 1 月前往探访的 2014 MU69 就属于这个范畴。它们都属于"冷经典"群中的天体，相对于柯伊伯带的其他天体，它们的运动轨道要更圆一些，而且颜色也稍稍偏红。新视野号与 2014 MU69 的"会面"转瞬即逝，尽管如此，它也能帮助我们了解冥王星是否由这类天体形成，以及行星形成的关

键性问题。像 2014 MU69 这样的天体，从太阳系形成早期开始就待在这片远离干扰的清幽之地，所以也被研究人员认为是远古的行星形成阶段留下的遗迹。

这些观测数据还能帮助我们解答一个疑问：太阳系是如何形成这样特定有序结构的？现有的模型表明，气态巨行星曾经分布得更为紧密，并被巨大的星子盘包围着。直到有一天，某种东西的介入打破了原有的平衡，于是这些行星就被狠狠地抛到了现在的位置上。而外盘也在此过程中受到了震动，幸存下来的部分就演化成了今天的柯伊伯带。

这究竟是一场暴力剧变，还是温和的迁徙？要想回答这个问题，我们还需要知道在气态巨行星"搬家"之前原始的星子盘质量，而来自 2014 MU69 的观测数据恰好就能提供有效信息。如果 2014 MU69 上布满了陨击坑，那么就能推断之前它曾被很多天体撞击过。通过研究新视野号拍摄到的环形山图像，研究人员也能对星子盘质量给出更好的估计。

在柯伊伯带和散盘区域内，还有一些天体足够大，可以被归为矮行星一类。时至今日，冥王星、阋神星、妊神星和鸟神星都已经被国际天文学联合会（IAU）认定为矮行星了，在不久之后可能还会有更多被发现。这些矮行星都拥有属于自己的卫星。根据 2016 年和 2017 年的观测发现可知，目前已知的 10 个直径接近或超过 1000 千米的海外天体都至少有一颗卫星相伴，这也说明它们都曾有过拥挤而又混乱的演化阶段。这些矮行星颜色多样、形状各异。比如，妊神星就是一个非常扁长的椭球体，而且还有一个光环结构。让我们畅想一下，这些看似暗淡的星球会不会也和冥王星一样，有着既复杂又精彩的故事呢？

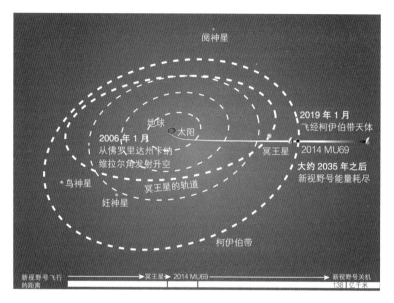

图 4.3　在结束使命之前，新视野号探测器正前往柯伊伯带完成最后一项任务：与太阳系早期原始遗迹 2014 MU69 进行一次近距离接触

第九颗……也许是第十颗行星？

　　在外太阳系是否真的潜伏着一个十倍于地球质量的行星呢？2014 年，天文学家惊觉最近发现的海外天体 2012 VP113 的轨道与另一组天体奇怪地保持着一致。两年之后，帕萨迪纳加州理工学院的康斯坦丁·巴蒂金（Konstantin Batygin）和迈克·布朗（Mike Brown）进一步仔细研究这些轨道参数发现，有 6 个相随天体的椭圆轨道都指向同一个方向，而且与太阳系的轨道平面保持着相似的倾角。他们认为肯定存在某些情况造成了这种一致性，而且根据数值模拟结果可知，在太阳的另一侧很可能有一颗行星在与这些小天体

相互影响。假设这颗行星的轨道很椭长，在 200AU 到 700AU 的范围内，那么它的轨道周期将长达 1 万到 2 万地球年之久。

如果真的确定了这颗行星的存在，那么它将获得冥王星弄丢的"行星"之冠。在社交网络上自称是"冥王星杀手"的布朗在冥王星降级事件中起到了非常重要的作用。2005 年，他发现了一个大小与冥王星接近的天体——阋神星。恰恰就是这个发现最终使得阋神星和冥王星都被重新归类成了矮行星。

第九颗行星的椭长运动轨道一度使我们以为它是被太阳俘获的系外行星。因为这样就能解释为何其他大行星的运动轨道并未与太阳完全一致。目前大行星围绕太阳运动的轨道平面与太阳本身赤道平面存在 6 度的夹角，很可能就是由于轨道高度倾斜的第九颗行星的影响才使它们都发生了偏离。

不过，英国谢菲尔德大学的理查德·帕克（Richard Parker）及其同事通过计算机模拟得到的结果却与上述猜测不符。在他们模拟的恒星形成区中，极少出现自由运动的行星被俘获的现象。而且，气态巨行星在改变轨道位置时，反倒有可能把第九颗行星往外推出太阳系中心。

如果第九颗行星真的静静地待在太阳系外围，那么天文学家或许很快就能发现它了。假设土星轨道出现的轻微扰动是受它的影响，或许就意味着能在鲸鱼座方向（白羊座和双鱼座的旁边）发现它。这一小块天区现在恰巧已经在暗能量巡天计划（Dark Energy Survey）的观测范围内了，这个项目将致力于探测宇宙的加速膨胀情况。

在海王星的轨道外，很可能还存在另一颗尚未被发现的行星。2017 年，亚利桑那州立大学的凯瑟琳·沃尔克（Kathryn Volk）和雷努·马尔霍特拉（Renu Malhotra）发现了柯伊伯带上一种奇怪的扭曲迹象。根据现有理论，柯伊伯带

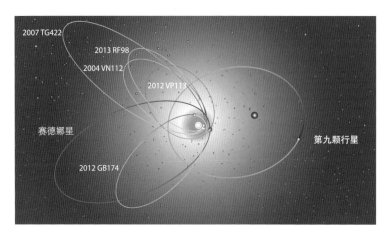

图 4.4 六个海外天体轨道的一致性表明了第九颗行星的存在

主体的平均轨道平面应该与已知大行星的轨道平面一致。但是沃尔克和马尔霍特拉却发现，距离太阳 50AU 以外的柯伊伯带外边缘处的轨道平面与已知大行星的轨道平面存在 8 度的倾角。这种倾斜可能由一颗未被观测到的行星引起，它距离太阳大约 60AU，质量接近火星。不过，在如此近距离的地方，存在如此大的一颗行星却始终未被发现，实在是太难说得通了。

前往奥尔特云

彗星由尘埃和冰集聚而成，往往在椭率非常大的轨道上运动，迎面遇到来自太阳的带电粒子流后，它们便被"吹"出了壮观的彗尾。有些彗星来自海外天体的散盘结构，是被天王星和海王星从正常轨道中拽出来的，它们的轨道周期都不超过 200 年。还有一些彗星则拥有更长的轨道，会运动到比散盘中其他天体更遥远的地方。1997 年，在地球上空闪耀而过的海尔－波普彗星就属

于后面这类，它们实际上来自更遥远的地方。在太阳系的外围有一层由冰质残余构成的稀薄云团结构，这个结构产生自数十亿年前，是被巨行星的引力作用从太阳附近拉拽、抛出至此的。

这片天空中的苦寒荒凉之地被称为**奥尔特云**，荷兰天文学家扬·奥尔特（Jan Oort）在1950年宣布了它的存在。虽然我们看不见它，但考虑到那些超长周期彗星的存在，它极有可能是一片广达100 000AU（15万亿千米，或者1.6光年）的极其巨大的结构。鉴于如此遥远的距离，这些朝着太阳飞去的彗星显然不是受行星的影响，而是受到了银河系及邻近恒星的牵引作用。与太阳系内不同，奥尔特云之外就是空荡荡的宇宙空间了。

2003年，帕萨迪纳市加州理工学院的迈克·布朗及其同事观测到了一颗矮行星——赛德娜，它正在一条高椭圆率轨道上运动着，最远可达约1000AU。这个发现使我们意识到，在奥尔特云的球形范围内还存在着一个与我们太阳系轨道在同一平面的盘状物质结构，有时候也被称为希尔斯云（Hills cloud）。

一般认为，奥尔特云天体是行星形成时期的残留物。通过厘清不同大小的天体各自的数量，我们就能更好地理解行星形成的具体过程。这话说来轻巧，实则不易。直到目前为止，我们关于这些原始碎石的全部情报都来自零散的彗星以及大型的柯伊伯带天体，它们应该与奥尔特云有着相似的物质组成。从那些长周期彗星的数量和轨迹可知，奥尔特云中包含了数万亿直径不小于1千米的天体，而总质量则达到了地球质量的数倍之大。这比目前我们根据现有太阳系形成理论所能做出的解释更具有实质性，看来我们的现有模型可能需要做根本性调整了。

采访：在冥王星之外流浪……

艾伦·斯特恩（Alan Stern）是科罗拉多州博尔德市西南研究所的工程师兼行星科学家。美国航空航天局新视野号的任务目标主要是对冥王星以及更遥远的天体进行探测，斯特恩就是这个项目的首席研究员。《新科学家》杂志在 2016 年对他进行了采访。

在这次新视野号飞越冥王星的过程中，最棒的发现是什么？

这次任务真的令我们喜出望外。这颗小小的行星给每个人都准备了礼物：从山脉到蓝天，从地质活跃区到冰原，多种多样的地形、地质和地壳活动，以及一个大型的卫星系统。冥王星简直就是一个科学奇境。

在柯伊伯带之外的奥尔特云里，会不会真的有一个大行星躲在宇宙深处？

这是毋庸置疑的，我绝对相信。

新视野号探测器多久能到达奥尔特云中的行星？

首先我们要明确，找到奥尔特云中的行星本身就是很有挑战性的。其次，我还要重申一下，奥尔特云与太阳的距离大约是冥王星与太阳距离的 100 倍。作为有史以来已发射的最快的探测器，新视野号也花了 10 年才到达冥王星。所以，依托现有的技术条件，奥尔特云之旅将长达千年。

在发射新视野号时，冥王星还是一颗行星，现在却被降级成了矮行星，你对此持什么观点？

国际天文学联合会做这个决定，通过创造新的定义来限制行星的数量，这样学生们就可以少记几个行星的名字了。但我并不觉得这是科学的做法。

就像我们对于恒星和星系的态度一样，在外太阳系中，我们能根据对应特征找到属于行星类别的天体，但不应该纠结于它们数量的多少。我曾为此与一位支持降级决定的天文学家在美国国家电台进行过辩论。他说："我的小女儿不可能记得住50个行星的名字。"我对此反问道："所以我们美国就应该改回8个州？"

这个新的行星定义哪里有问题？

国际天文学联合会提出，一颗行星必须能控制其轨道区域，也就是说要能清空轨道区域的其他天体。但实际上，离太阳越远，这块区域就会越广。比如说，冥王星的轨道区域就要比其他所有行星的轨道区域面积总和还要大。如果你把地球放在冥王星的轨道上，那么根据国际天文学联合会的定义，它也不再是一颗行星了。

你牵头组建的金钉子公司（Golden Spike）之前称将会推出月球商业旅行服务，现在进展如何？

这是个大型企业，将会聚焦人类的月球探险活动。虽然事情的推进比之前预想的要慢些，但是这个问题并不只有我们需要面对，所有的商业性太空飞行公司的进展都被拉缓了。亚轨道飞行项目从2004年开始策划，付费的用户希望能在几年内飞向太空，但12年过去了，第一批旅客仍在等待中。

相对于政府的项目，你为什么对私人商业太空旅行这么热衷？

政府的航天机构始终位于最前沿的位置，他们研发新的科技，所以也总是第一个完成对其他行星的环绕和登陆，但是他们的资源其实非常有限。如果想要进入真正的太空文明阶段，我们需要更多进入太空的方式和渠道。

私人企业能创造巨大的乘数效应。

你是怎么加入亚马逊创始人杰夫·贝佐斯（Jeff Bezos）创建的蓝色起源（Blue Origin）太空旅行公司的？

当年，在新视野号从木星飞往冥王星的四年旅途中，我曾经为很多商业航天公司和大学提供咨询服务。杰夫·贝佐斯聘请了我协助蓝色起源太空旅行公司，希望能从研究和教育的角度尽早使用新谢帕德号（New Shepard）飞船。而我本人也希望能坐着新谢帕德号的太空舱遨游太空。

你在维珍银河公司（Virgin Galactic）的具体工作是什么？

维珍银河公司聘请我负责研究和相关教育工作。我在科罗拉多州博尔德市西南研究所的日常工作中，和同事开发了一项人类亚轨道飞行计划。维珍银河公司和另一家环宇太空公司（XCOR）的山猫号太空飞船为我们提供飞行服务。我们在维珍银河公司安排了三个飞行任务，分别针对生物医学、遥感科学和微重力进行实验。包括我在内的三位研究人员会参与飞行任务。

你还创建了乌温古（Uwingu）公司，出售火星地貌和新发现的系外行星的命名权，现在资金筹集情况如何了？

我们将收益用来奖励太空研究组织、研究人员以及太空专业的研究生。这引起了公众的兴趣，还达到了三方共赢的效果，我们真的很骄傲。公众的参与度越高，我们公司的经费就越充裕，而这又将给太空研究组织和个人带来更多的奖励。

人们对命名火星地貌感兴趣吗？

现在火星上还有 50 万个未被命名的地貌特征。在过去的两年里，已

经有近 2 万个地貌特征被命名了。我们用行动证明，不仅是公众喜欢这项活动，而且通过大家的参与，完整绘制火星地图的进程也被大大加速了。

作为太阳系天体及地貌特征命名的一贯决定者，国际天文学联合会最近推出了公众命名系外行星的活动，你对此有何看法？

许多国际天文学联合会会员告诉我，是乌温古公司推动了这项活动的发展。在银河系里有 1600 亿颗行星，但地球上的人只有 70 亿到 80 亿，所以行星绰绰有余。

为什么我们看不见奥尔特云？

奥尔特云中的典型天体一般只有几千米大小，而且深藏在黑暗之中。对我们的望远镜来说，这些目标天体太暗、太遥远了，难以直接观测。但是，这些天体在理论上能遮挡或者衍射来自其他恒星的遥远星光，这样天文学家就能凭此机制测得它们的大小和距离。由于地球大气中的湍流会导致闪变，使用地面望远镜不能探测奥尔特天体，但是未来开展的空间望远镜巡天观测应该就能大量发现它们了。

5

恒星的一生

我们的银河系里有数千亿颗恒星。它们独一无二，有些闪耀，有些暗淡；有些是蓝色的，还有些是白色、黄色、橙色甚至红色的；有些是庞然大物，也有些是小个子；有些刚刚才诞生，有些已经是暮年。在 20 世纪，人们成功破解出了星光中蕴藏的秘密，但宇宙中仍有着许多奇异的恒星在等待我们去了解。

恒星光谱

赫罗图（Hertzsprung-Russell diagram，简称"H-R 图"，见图 5.1）是在 1911 年和 1913 年分别由丹麦天文学家埃希纳·赫茨普龙（Ejnar Hertzsprung）和美国天文学家亨利·诺利斯·罗素（Henry Norris Russell）各自独立发表的，天文学家用它来研究恒星惊人的多样性。就像元素周期表是按照元素的基本特征进行分类的一样，赫罗图也是按照恒星的主要特征来进行分类的。赫罗图中主要绘制了恒星的两大基本特征：**光度**和颜色。

光度，是衡量亮度的专业术语，代表恒星发出的可见光及其他辐射的总量。如果我们把银河系内光度最高的恒星移到太阳所在的位置，那么地球上的海洋将会沸腾，岩石也将熔化。反之，我们用银河系中光度最低的恒星代替太阳，那么我们的白天将比现在的月夜更暗，海洋也将结冰。在赫罗图上，光度最高的恒星位于顶端，光度最低的恒星位于底部。太阳的光度属于中档范围，所以位于纵轴的中间位置。

在我们普通人眼里，恒星看上去很可能都是白色或者黄色的，但实际上恒星颜色的范围是从蓝色、白色、黄色再到橙色和红色的。不同的颜色代表着恒星的表面温度的高低。橙色和红色的恒星表面温度一般在 2000 摄氏度到 5000 摄氏度之间，与我们的太阳类似的黄色恒星表面温度一般在 5000 摄氏度到 7500 摄氏度之间，而蓝色和白色的恒星温度则可达 7500 摄氏度到 50 000 摄氏度。在赫罗图中，炽热的蓝色恒星一般位于左侧，温暖的黄色恒星位于中间，而较冷的红色恒星则处于右侧。我们的太阳是黄色的，所以处于横轴的中间位置。

恒星的温度决定了它的颜色，恒星中不同的原子和分子则通过光谱线体

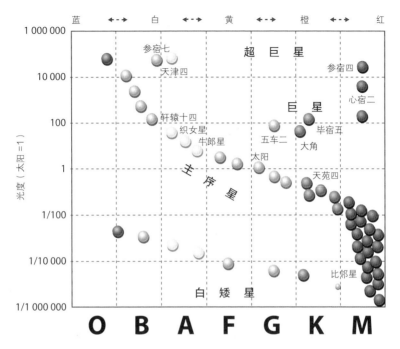

图 5.1　在赫罗图上可以通过光度和颜色来对恒星进行分类

现，天文学家据此对恒星进行了光谱型分类。举例来说，白色恒星具有较强的氢线，而黄色恒星则具有较强的钙线。主要的光谱型有以下几种。

O 型星：这类恒星温度最高、颜色最蓝。

B 型星：夜空中的许多亮星都属于这类，比如，角宿一（Spica）、轩辕十四（Regulus）和参宿七（Rigel）。

A 型星：这类恒星呈白色，是我们银河系中对亮度贡献很大的一类恒星。其中包括天狼星（Sirius）、织女星（Vega）、牛郎星（Altair）这些主序星以及白超巨星天津四（Deneb）。

F 型星：这类恒星呈黄白色。从地球上看，最亮的两颗 F 型星分别是老人

星（Canopus）和南河三（Procyon）。北极星（Polaris）也属于这类。

G 型星：这类恒星呈黄色，比较温暖。包括太阳、南门二 A（Alpha Centauri A）和巨星五车二（Capella）。

K 型星：这类橙色的恒星既有大角（Arcturus）和毕宿五（Aldebaran）这样的巨星，也有天苑四（Epsilon Eridani）这样较暗的主序星（也被称为橙矮星）。

M 型星：这类恒星又冷又红。除了少数像参宿四（Betelgeuse）和心宿二（Antares）这样比太阳还要亮数千倍的超巨星之外，大部分都比较暗弱，属于主序带上的红矮星。

主序带

当赫茨普龙和罗素第一次绘制出赫罗图时，他们发现恒星并不是随机分布的，这令他们很是惊讶。不仅如此，而且 95% 的恒星都集中在了从图中左上角（明亮的蓝色端）到右下角（暗弱的红色端）的对角线上，这个带状分布被称为主序带。

主序带上的每颗主序星都以相同的方式产生能量，它们在恒星中央把氢核通过核反应变成氦核。对于质量更大的主序星来说，恒星中央温度更高，核反应更剧烈，所以恒星本身也就变得更热、更蓝、更加明亮。

黄色主序星的质量大多与太阳相当。蓝色和白色的主序星质量则更大，最大的是太阳质量的百倍以上。而橙色和红色的主序星则要小很多，基本上仅有太阳质量的百分之七。

蓝色的主序星比较罕见，一千颗中都难觅一颗。这种庞然大物非常稀有，一方面是因为形成数量较少，另一方面也因为它燃烧氢燃料的速度快得惊人，所以相应寿命很短。质量最大的恒星在诞生后的几百万年之内就会迅速地燃尽

中心的氢燃料。即使与我们的距离非常遥远，也有许多这样的恒星由于特别明亮而能被肉眼观测到。事实上，几乎所有肉眼可见的恒星都要比我们的太阳光度高。

相比之下，质量较小的恒星虽然数量众多，但却很难被看见。在主序星中数量最多的一类是红矮星，它们主要聚集在赫罗图的右下方。红矮星燃烧燃料的速度非常缓慢，所以能在主序阶段停留数千亿年之久，这也是它们数量众多的原因。红矮星的数量比其他恒星加在一起都要多，几乎占到了银河系恒星总数的 75%。然而，这类恒星过于暗弱，所以肉眼连一颗都看不见。

如果一颗恒星的质量比红矮星还小，那么它就会因为不够热而无法维持氢聚变反应，进而不能进入主序阶段。这类恒星被称为褐矮星。

当主序星燃尽了核心的氢后，它将继续在核心外围的壳层中燃烧氢，在此之后开始燃烧核内的氦。恒星外部不断膨胀，温度降低，同时核心也开始收缩。至此，恒星已经离开了主序阶段，进入巨星或超巨星阶段。

又大又亮

大部分的巨星和超巨星的温度在温暖到较凉的范围内，主要出现在赫罗图的右上方；有少数呈现为蓝色或者白色，比如蓝超巨星参宿七（Rigel）和白超巨星天津四（Deneb）。

一般来说，超巨星是从最热、最蓝的主序星演化而来的，而巨星则是从质量稍小的主序星演化来的。

巨星和超巨星体形硕大，因此它们辐射出的光不可小觑。将来，当我们的太阳演化成巨星时，它会比现在亮 100 倍。由于恒星的巨星和超巨星阶段延续的时间不长，所以这两类恒星也比较罕见。超巨星会迅速燃尽所有可能的燃

料：首先是氢，然后是碳、氖、氧、硅、硫，最后聚变成铁。每个环节产生的能量不断减少，直到聚变成铁后，就没有足够多的能量去聚变成更重的元素了。随着恒星内部热量来源的耗尽，核心会发生坍缩，进而形成**中子星**或者**黑洞**（见第 6 章）。这种爆缩将释放非常大的能量，把恒星外层直接炸开，这就是超新星爆炸。

不过，只有很少的恒星会经历如此壮丽的过程，因为大部分恒星诞生时都不足 8 倍太阳质量。这些质量较小的恒星在变成红巨星后，外部大气层会被吹向太空，而暴露出来的炽热的核球却因为太小而无法坍缩成中子星。核球向外不断辐射，把抛出的大气层照亮，这景象就被称为行星状星云。名虽如此，但实际上这场景与行星毫不相干，只是从小望远镜里看有点像行星罢了。

星等、距离与光度的关系

约在公元前 120 年，喜帕恰斯（Hipparchus）把恒星分成了 6 等，从一等星（从地球上看最亮）依次减弱到六等星（最暗）。这个星等系统在 19 世纪 50 年代被进一步精细化了，利用对数比例尺，每个相邻星等的亮度比被规定为 2.5 倍。具体来说就是，一颗视星等为一等的恒星，它的亮度是视星等为二等的恒星的 2.5 倍。夜空中大部分最明亮的恒星都属于一等星，而那些肉眼可见最暗的星就是六等星。

恒星的视星等与距离地球的远近直接相关，我们常用光年来作为距离的单位。一光年表示光传播一年走过的路程，差不多是 9.5 万亿千米。一光年等于多少个日地距离呢？基本上相当于一英里与一英寸的差距（超过 6 万倍）。实际上，离我们最近的恒星距离太阳仅有 4.24 光年，而在夜空

中闪耀的大部分恒星都在几百光年之外了。

一旦得到了恒星的距离信息，天文学家就能根据视星等计算出它的光度。光度可以用焦耳每秒为单位输出功率表示，单位为焦耳每秒；也可以用太阳光度的倍数来表示；还可以用绝对星等来表示。绝对星等就相当于一颗恒星位于距地球 32.6 光年（10 个秒差距）处所对应的视星等。

悄然暗淡

几万年之后，被红巨星抛出的行星状星云就会慢慢消散，只剩下小小一颗温度极高的白矮星。典型的白矮星一般只比地球略大一点，但质量却高达太阳质量的 60%。一茶匙白矮星物质的重量就超过一吨了。

宇宙中的许多恒星最后都演化成了白矮星，所以它们非常常见，占据银河系中恒星数量的 5%。虽然白矮星数量众多，但它们却因为非常暗弱而无法用肉眼观测到。

典型的白矮星并没有波澜壮阔的生涯，它已经不再燃烧，仅靠残存的一些热量在夜空中闪耀。在数十亿年后，它辐射完有限的能量，然后逐渐变冷，慢慢凋零。"白矮星"这个名字并不那么恰如其分，它们实际上可以是任何颜色的。刚刚开始进入白矮星阶段的恒星比较炽热，呈现出蓝色；而那些已经存在许久，能量耗散得差不多的恒星则是橙色或者红色。所以，白矮星在赫罗图上呈现为与主序带平行的条带式分布。如果恒星在白矮星阶段维持足够长的时间，那么它最终将彻底变暗，成为一颗黑矮星。不过，由于宇宙目前的年龄还不太大，所以还未演化出黑矮星。

在极少数情况下，白矮星也能创造璀璨的奇景。如果有另一颗恒星围绕着白矮星旋转，并且向其倾倒物质，那么这些物质就会引发爆炸。天文学家就曾

发现过这样的新星，在上述情况中，它的亮度增加了近 10 万倍。这种爆炸虽然很猛烈，但却不会摧毁任何一颗恒星。

但是，如果伴星转移了过多的物质，使白矮星的质量达到了 1.44 倍太阳质量，那么碳和氧就会瞬间聚变引发核爆震，摧毁白矮星，这个过程被称为 I a 型超新星爆发。

超新星爆发产生的极端高温和高压环境能够生成大量的铁元素，随着恒星被摧毁，所有的铁也都逃逸到了宇宙空间中。这些超新星产生的物质最终会与行星状星云的残骸一起聚集在未来的恒星"育婴房"，在这里将会有新的恒星、行星诞生，这些星球上或许还将孕育出生命。这也就是我们的太阳和地球在 46 亿年前所经历的一切。地球上的我们都是这些星际遗产的继承者，除了氢之外，我们体内的所有原子几乎都是恒星创造出来的。

轻金属

氢和氦是构成恒星的主要物质，但大多数恒星还含有少量继承自早期恒星的重元素（天文学家把这些元素笼统地称为"金属"）。SDSS J102915+172927，一颗距离我们 4000 光年左右的恒星，却是个例外。它几乎是一团非常原始的氢和氦混合物，只含有 0.000 07% 的其他物质。

这与大爆炸后产生的原始物质相似。这类纯净的气体中缺少碳和氧，无法帮助云团冷却和凝结，所以往往只能形成体形巨大、寿命较短的恒星。天文学家并不知道这种反常的天体是如何形成的，或许是在宇宙早期的黑暗时期中，某颗超巨星在形成的过程中抛出了这样一块物质。

恒星诞生

当致密的氢分子气体暗云由于自身引力作用坍缩后，恒星就形成了。触发坍缩的契机很可能是周围云团的相互碰撞，或者是附近的恒星爆炸时通过云团传递过来的冲击波。当云团逐渐散开，第一颗明亮的新生恒星就会把周围剩余的纤维状云气照亮。最有名的场景莫过于哈勃空间望远镜拍摄到的鹰状星云"创生之柱"，而且对比 1995 年和 2005 年的照片，我们还能发现在此期间有些气体须状结构发生了变化。当恒星形成区的气体最终全部散尽后，就会留下一

图 5.2　哈勃空间望远镜在鹰状星云中发现了三个巨大的尘埃须状结构，这里就是恒星形成的摇篮

个类似昴星团（Pleiades）这样的疏散星团，然后其中的恒星就会在宇宙中独自流浪，踏上自己的旅程。

巨婴

大麦哲伦星云（Large Magellanic Cloud）是在 18 万光年外围着银河系绕转的矮星系，在其内部正发生着炽热闪耀的星暴现象。星暴具体发生在蜘蛛星云（也称剑鱼座 30）中，在南半球利用双筒望远镜就能在天空中找到这片 50 光年宽的模糊印记。这里的恒星形成速度超乎想象，新生恒星诞生的速度比我们银河系高 1 万多倍。

这些蓝色的恒星甚至比夜空中的满月还要明亮，透过挂在星云间蛛网般的尘埃和气体不断闪耀着。

在这片精彩纷呈的天区奇景中，还有一群目前已知的整个宇宙中最大的恒星——它们是如此之大，以至于超出常理。一直以来，理论学家都认为恒星应该存在质量上限。较大的恒星燃烧得更快，也比小质量的恒星更亮，在某个特定时刻它会突然闪耀并抛射出恒星的外层物质。理论学家认为这种向外的作用力必然会把恒星的质量限制在 120 倍太阳质量以内。

但事实上，蜘蛛星云中的有些大质量恒星似乎达到了太阳质量的 180 倍、195 倍，甚至惊人的 325 倍。为了解释这些观测结果，理论学家不得不求助于更复杂的计算机数值模拟，尽管已经取得了一定进展，但他们仍觉得需要进一步完善细节。

这种短暂且剧烈的恒星形成过程伴随着一波又一波紫外辐射和带电粒子的涌出，这会直接改变周围的环境。几百万年后，这些恒星和后续的超新星将会把它们周遭的气体都吹散。

燃烧迅速，火光明亮，星暴仿佛平原上的野火。尽管两者看似都具有破坏性，消耗掉了现有的物质，但是也把营养物质散播到了各处。对于平原来说，野火再造了富含有机物的土壤；对于宇宙来说，星暴将恒星演化中锻造出的重元素撒向各处，播种了一颗颗未来的行星。当该过程结束后，这片区域将转入"休耕"阶段，直到新的个体再次"破土"而出。

目前，我们认为蜘蛛星云已经度过了它的鼎盛时期。在最近几百万年里，已经没有气体能再催生出新的恒星，似乎这场星暴大秀已经走向了尾声。不过，在它周围的天区，还是会时不时有新生恒星诞生。

低温星球

可怜的褐矮星是宇宙中孤独的存在。与其他恒星兄弟相比，它们仿佛就是失败的产物。虽然它们与行星有着很多共同点，但似乎并不能被归类到行星中。居于宇宙中的系外行星和超新星之类光芒四射的同伴之中，褐矮星的境地显得愈发尴尬了。不过，正是这恰到好处的"格格不入"，才使褐矮星在我们看来变得格外有趣，充满价值。

1962 年，纽约市美国航空航天局戈达德空间研究所的希夫·库马尔（Shiv Kumar）第一次提出了褐矮星的存在，在此之前，他始终致力于研究恒星大小的下限。根据他的数据计算可知，如果天体的尺寸太小，那么它将没有足够的质量去维持氢聚变反应。

库马尔把这种假想天体称为"黑矮星"，但后来证明这个名字起得有点问题。20 世纪 70 年代，天文学家吉尔·塔特（Jill Tarter）指出"黑矮星"一词同时也代表着一类位于恒星演化末期的又暗又冷的恒星。虽然还有很多像"恒

行星"（planetar）、"死胎星"（still-born star）和"亚恒星"（substar）这样的备选名字，但塔特还是坚持用了"褐矮星"。她当然知道这类天体并非真的呈褐色，但她觉得对于这种太过暗弱、实际上难以观测到真实颜色的天体用复合颜色来标记也是合理的。（如果你乘一艘宇宙飞船从褐矮星附近飞过，你很可能会错过这个非常非常暗的天体。只有当你更近地仔细观察，才有机会发现一个看起来十分微弱但仍能有足够的热量制造辐射的光晕，它很有可能是暗橙色的）

在此之后的 20 年里，人们都没能寻觅到褐矮星的身影，直至 1995 年，格利泽 229b（Gliese 229b）闯入了我们的视线。这颗褐矮星距离我们 19 光年，质量是木星的 20~50 倍，表面相对凉爽，温度为 680 摄氏度。从那时起，我们发现了成千上万带有神秘特征的褐矮星，这进一步引发了我们对褐矮星分类的热烈讨论。

是恒星，还是行星？

从人类探索宇宙之初，恒星和行星就已经被区分开了。但是，褐矮星的出现对这一分类发起了挑战。褐矮星和恒星一样，诞生自坍缩的气体云团，所以它们也具有很多共性。褐矮星像恒星一样具有磁点，有些甚至还能像脉冲星一样发射出射电辐射（见第 6 章）。许多褐矮星质量较大，能够在演化早期触发短暂的核聚变爆发，燃烧少量的氘；质量更大的甚至还能燃烧少量的锂。在褐矮星的形成过程中，引力坍缩会带来热量产出，这使得年轻的它们变得足够热，进而能在可见光波段中散发出淡淡的光。随着时间流逝，它们开始变冷。比如，7 光年之外的 WISE J085510.83-071442.5 温度就已经远远低于 0 摄氏度。

这样冰冷的天体，也没有持续的核聚变反应发生，怎么看都不像是正常

恒星。那么，它们是不是更像行星呢？褐矮星的质量要比大多数行星大得多，为木星质量的 13～70 倍。目前我们已知的系外行星里只有 3%～4% 的行星具有这么大的质量。当然，这些数据中会有重叠的部分，实际上大部分褐矮星的直径与木星相差不远。它们有类似于气态巨行星的大气层，大气里充满了由一氧化碳、硫化氢、水或是由甲烷、氨构成的有毒混合物。

而且，褐矮星上面也都有天气系统。人们早前一直推测褐矮星上有云层分布，就像我们太阳系外围行星上的大气层那样，内部的热量会促使气体上升并凝结。直到最近，我们实实在在地观测到了它们的天气变化情况。通过将望远镜对准一个目标持续数月的观测，天文学家得到了天体上巨大风暴引起的红外辐射变化。

通过对恒星化学成分的研究，我们获知较热的褐矮星大气中会有气态的铁和硅酸盐，当它们不断上升并冷却后就会凝结。想象一下铁水的"雨滴"，以及由滚烫沙粒构成的旋涡状云团，这些沙砾会以硅酸盐"雪"的形式渐渐落下。而那些最冷的褐矮星可能具有与地球相似的天气系统，甚至有些可能会存在水蒸气构成的云朵。

或许褐矮星最令人咋舌的特质是可能有行星相伴其左右。2013 年，天文学家发现了一颗气态巨行星正在围绕一颗褐矮星进行轨道运动。相较于质量更大的恒星，年轻的褐矮星周围环绕的物质更少，所以我们今后可能会发现更多小小的、岩质的行星。或许，在环绕褐矮星的行星之中还有生命的存在。

随着研究不断深入，褐矮星这个课题也变得逐渐完善了，也许我们不应该局限于这种在恒星或行星之间二选一的分类法，而是可以给它们单独设立一个类别。

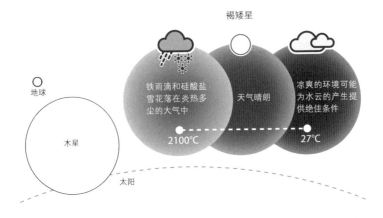

图 5.3　褐矮星在体积和温度等方面与木星之类的气态巨行星有许多共同点。这意味着我们也可以从褐矮星上获知系外行星天气系统的重要线索

连环爆发

我们的宇宙里满是奇异怪诞的天体，海山二（Eta Carinae，又名船底 η）就是一个古怪的例子。1843 年，它像超新星一样爆发，但却出于某种原因幸存了下来，并因此短暂地成了夜空中第二亮的星。最近，研究人员又发现了新的证据，表明它之前还曾多次这样爆发过，发生的时间大约在 1550 年和 1250 年。

海山二位于船底座，距离我们 7500 光年远，实际上是由两个大质量恒星共同构成的，总亮度超过了我们太阳的 500 万倍。两颗恒星在偏心轨道上运动，每 5.5 年会接近一次。

海山二中质量较小的那颗恒星的质量为太阳的 30～50 倍，较大的那颗则是 100～150 倍于太阳质量的庞然大物。现在，这个"巨兽"正在把自己一点点撕裂。它的光子受到高压作用向外喷射，同时把恒星外层也带走了。

2016 年，研究人员利用这些被抛出的碎片回溯了海山二曾经历的动荡岁

月。根据哈勃空间望远镜在两年之间拍摄的照片，图森亚利桑那州立大学的梅根·基明基（Megan Kiminki）及其同事制作了一部关于海山二的电影，主要记录了过去这段时间海山二中的800个气团的行踪。

一些气态云正在以300万千米每小时的速度运动。但关键的是，这些纤维状的结构并没显示出正在加速或者减速，基明基的研究团队据此计算出它们从系统中喷发出的时间。他们认为，海山二在1250年左右发生过一次大爆发，在1550年左右又有过一次规模较小的爆发。几个现在已经离开很远的物质团块很可能是在1045年和900年的两次爆发中被抛出的，但13世纪的那次大爆发再一次把它们高速射出了。

研究人员还不清楚为什么海山二会周期性不断爆发。有些人猜测，较小的那颗恒星或许偶尔会与较大恒星的外层相互作用，不断有新鲜的核燃料被转移到较小的恒星上，进而导致了爆发的产生。也许过不了太久，我们就将有机会幸运地再次见到海山二壮烈无比的爆发现场了。

恒星会碰撞吗？

宇宙尽管无垠而空旷，但仍然会发生恒星碰撞事件。我们或许已经观测到了一次。2002年2月，一颗曾经平凡无奇的恒星突然变亮，光度超过了太阳的100万倍。它是麒麟座V838，距离地球2万光年。在接下来的两个月里，它又两次变亮。最初，人们以为这是新星爆发——一颗白矮星在从伴星上不断吸取气体物质，进而在星球表面触发了热核爆炸。但是，新星并不会接二连三地爆炸，并迅速地归于平静。于是，人们有了新的猜测：这或许是一场并和暴，是两颗恒星碰撞后的悲鸣；这也有可能是一颗巨星

行将消亡时发生的罕见热核爆发现象；或者是一颗恒星正在吞噬巨大的行星。无论如何，最终的结果都是在宇宙中制造了一个如此奇异而又美丽的天体。它被快速变化的光壳所包围，三次爆炸产生的光芒在附近的尘埃中不断反射着。

已知的最大的恒星是哪颗？

目前高居榜首的是盾牌座UY。它距离我们 1 万光年，是一颗红超巨星，其直径约为太阳的 1700 倍。如果把它移动到我们太阳所在的位置，那么木星的运动轨道也会被其覆盖。但这并不意味着木星会被破坏殆尽，因为红超巨星的外层结构其实非常稀薄，接近地球上所谓的真空环境。

6

恒星暮年

　　当一颗巨大的恒星爆炸时，它的故事并未结束。这颗恒星的心脏或许可以保存在闪耀的云团残骸中，就像一个猛烈旋转、有超强磁场、过度发育的原子核；或许以一种更加惊人的方式，成为无形的引力和时空的缺口。

开普勒超新星谜案

本案事实如下：1604 年 10 月 9 日的夜晚，欧洲上方天空西南部，木星、土星和火星预计将在猎户座会合。一些人相信，这是世界发生剧烈变革的前兆。

这次会合虽然如期而至，却被旁边的蛇夫星座抢走了风头。一颗新星出现了，在接下来的 20 天内，它变得越来越亮，几乎超过了所有行星，然后在接下来的几年中缓缓熄灭。这是人类肉眼观测到的最后一颗银河系超新星。

"我们只确定了一件事，"记录了这次事件细节的约翰尼斯·开普勒写道，"对于人类来说，这颗星要么毫无意义，要么意义非凡到超过了所有人的理解范围。"如今的天文学家——如果他们也能对这种伟大感同身受——也许会倾向于第二个选项。

我们把这仍旧在膨胀的恒星碎片称为开普勒超新星遗迹，研究这个有点像进行宇宙血液喷溅分析。后来的天文学家把 1604 年发生的这次事件归类为 Ia 型超新星爆发。当代宇宙学中，这类天体被用作测量宇宙尺度和历史的标尺。

尽管我们在很大程度上依赖它们进行研究，但总体上我们还无法确定 Ia 型超新星的成因。在一种模型中，物质从邻近的红巨星落入致密的热白矮星核心，后者随即发生热核爆炸而毁灭；另一种说法是，两颗白矮星合并后同归于尽，形成 Ia 型超新星。

开普勒超新星能帮助我们理清真相吗？这个事件里的确包含一个许多人认同的关键线索：超新星喷出的气体似乎正在撞击该系统早期喷发的气体，这意味着这个过程中有一颗红巨星参与，它持续不断地把部分大气层喷到太空中，而不是两颗白矮星相撞。

然而，对第二颗恒星的搜寻却一无所获。这可能意味着白矮星附近曾经

有另一颗恒星，但就在这对恒星互相湮灭之前，第二颗恒星也已经转化成了白矮星。或许第二颗星仍然隐藏在那里，但是却被这次爆炸掩盖了或者破坏了，导致它现在更暗淡或者不易辨认。

天文学家仍旧希望更深一步的探测能够发现第二颗恒星，或者对残骸的光谱分析能够提供一些可以追溯到爆发时刻的新证据。直到那时，西南方天空的悬案才能真相大白。

改造恒星

中子星是大质量恒星爆炸成为超新星后留下的核心。Ia 型超新星由核反应驱动，而其他类型的超新星由引力驱动。当大质量恒星核心最终耗尽燃料，不再有新的热量支撑它们时，它们在自身引力作用下塌缩，被压缩到极端高密度，直到一种新的力出现拯救它们。当原子核物质压缩得足够紧时，通常把原子核中的质子和中子结合在一起的强大核力就会变成排斥力。

当核球的直径被挤压到 10～15 千米时，引力和这种强核力达成平衡。在这种条件下，大部分质子和电子会结合形成中子。这些粒子被紧密地挤压在一起，以至于一汤匙这种物质的重量可达到几十亿吨。人们认为这种物质是超流体，流动时没有摩擦，并且有磁旋涡。

仿佛这东西还不够奇怪似的，一些物理学家推测，在一些质量特别大的中子星中，极端的压力可能会导致中子分解，释放出它们各自的夸克。另一些人则认为这些粒子会形成玻色－爱因斯坦凝聚态（BEC），在这种量子态的情况下，中子的个体特征变得模糊，它们表现得就像一个粒子。

有关中子星 EXO 0748-676 的研究则打击了这种新型物质的理论。这颗中

子星的质量大约是太阳的两倍。大部分关于夸克和玻色－爱因斯坦凝聚态中子星的模型都预言，它们在达到这么高的质量之前就已经塌缩为黑洞了。

但是这个问题还没有定论。即使基本物质还是中子，它也可能暗藏惊喜。2014 年，印第安纳大学布卢明顿分校的查尔斯·霍洛维茨（Charles Horowitz）和他的同事一起建立了一个中子星物质的小盒子模型，它比一个原子还小，却包含了成千上万个中子和质子。强核力和静电力在压缩的质子和中子间角力，迫使它们变成了华夫饼网格一般的古怪形状。这些华夫饼网格结构只比原子核略大一点。

星震

中子星的外壳没有被高度压缩，可能更像我们熟悉的由原子核和电子构成的固体物质。这种物质依然非常坚固，但它能够被一种叫作磁星的中子星磁场撕碎。这类中子星的磁场非常强，如果有一颗磁星在地球和月球之间经过，那么地球上每一张磁卡里的数据都会被抹去。理论认为，磁星内部磁场的扭曲力量可以撕开表层，释放出粒子和辐射组成的火球，天文学家将会观测到一道明亮的高能光子闪电，这就是星震。

早在 2006 年，天文学家就通过一次特别强烈的恒星地震测量到了中子星外壳的厚度。2004 年 12 月，美国航空航天局的罗西 X 射线时变探测器在一颗名为 SGR 1806-20 的恒星上发现了这次星震。美国航空航天局戈达德航天中心的托德·斯特罗梅尔（Tod Strohmayer）领导的一个研究小组发现，地震引发了中子星的振动，在 X 射线光谱中发现了多个频率的震荡。研究小组认为，一些震波垂直地穿过地壳，因此他们可以计算出地壳的厚度——大约 1.5 千米。

磁星或许也能解释一些极其明亮的超新星的成因，因为旋转的磁场可以

把额外的能量送入磁星诞生时超新星爆炸留下的残骸云中。

宇宙时钟

有节奏的射电信号夜以继日地抵达地球。最慢的信号听起来像是把钉子钉进木头，或者把鞋拍在杆子上以甩掉泥土；另一些听起来更像在红绿灯前停车时"吭哧吭哧"的马达声。一些几乎是连续的音调，被和谐地编入宇宙的背景音乐中。永远是同样的曲调，永远来自天空中同样的位置。难怪天文学家在1967年第一次听到这些信号时，他们一度怀疑这是外星人发来的信息。

他们发现的其实是一颗脉冲星——一类发出规律性射电信号的中子星。一颗中子星要成为脉冲星，它的磁轴必须和旋转轴有一个夹角才行。然后，当恒星旋转时，从磁极两端喷发出的强烈辐射喷流将像灯塔的光束一样扫来扫去。这些喷流就是那些在我们望远镜中规律地快速移动的东西——尽管我们仍然不知道它们究竟是怎么形成的。

新墨西哥州洛斯阿拉莫斯国家实验室的约翰·辛格尔顿（John Singleton）和安德里亚·施密特（Andrea Schmidt）最近提出了一个见解：它类似于超声速飞机加速超过声速时产生的音爆。辛格尔顿说，脉冲星表面的磁场超光速旋转与相对论并不冲突。他的团队认为，磁场超光速旋转时，带有相反电荷的粒子被推向脉冲星的两端，然后被喷发出来。磁场的超光速光爆锐化了辐射模式，形成一个清晰的脉冲，发射到太空中。

旋涡和波动

1974年，天文学家罗素·赫尔斯（Russell Hulse）和约瑟夫·泰勒（Joseph

Taylor）发现一颗脉冲星异常紧密地围绕着一颗伴星旋转，每 8 小时绕轨道一圈。他们看到这两个天体之间的距离在它们螺旋式靠近彼此的过程中稳定地减小，减小速率和假设它们在通过释放引力波而损失能量的速率精确地一致。这是我们发现的第一例能够证明爱因斯坦广义相对论所预言的时空动态扭曲的证据。

第一颗被观测到的脉冲星以一个相对慵懒的方式运动，需要几秒钟才能完成一次旋转。然而在 1982 年，已故的唐纳德·巴克（Donald Backer）带领的团队为脉冲星的研究增加了新的筹码。他们发现了每秒自转 642 次的脉冲星，这种令人头晕目眩的高速自旋，是因为它从其伴星抽取物质。从这以后，我们发现了更多的毫秒脉冲星。它们的脉冲如此之快又如此之规律，使它们成为最棒的时钟。通过监测它们，天文学家们能够发现引力波经过时它们计时的微小变化。

访问：触摸脉冲星

50 年前，乔瑟琳·贝尔·博纳发现了一个神秘的射电脉冲信号，同时也发现了年轻女性从事科学工作时的不公之处。《新科学家》杂志在 2017 年访问了她。

某种程度上来说，第二个信号才是重点。我看到的第一个信号有可能是个错误，第二个信号才意味一些真正的发现。我们花了一段时间才意识到看到了什么——第一个脉冲星，一种新类型的恒星。直到今天我们还在研究这一发现的重要意义。

那是 1967 年，我们本来想用我在剑桥大学的导师托尼·赫维希（Tony Hewish）设计的射电望远镜寻找**类星体**。在那时，我们只知道类星体是很

远的天体，会发出忽强忽弱的不规则射电信号。但是这种新的信号不弱反强，而且是绝对规律的短脉冲。

尽管在当时干扰是我们经常面临的问题，但它看起来也不太像是干扰。我们的望远镜由乱糟糟的2048根天线组成，覆盖了城外大约1.6公顷的土地。在这么大的收集区域内，你很容易收到很多干扰信号。曾经还有人误把我们的观测频率分配给了警察。

第一个意外的信号挤进我们的图形记录器，留下了大约0.64厘米的痕迹。图形记录器只是一支在纸上机械运动的笔，一般我会让它缓慢运行，以便更长时间地记录类星体的信号。信号出现的那天，我加速了纸张行进的速度，让信号展开，这有点像是放大照片。但是这次什么都没有收到，这个信号消失了。

当时我的同事问的第一个问题是我是否把望远镜组装错了。我已经很习惯这样的怀疑了。首先，我只是个低年级博士生；其次，我是女性。我在格拉斯哥完成本科学位的时候，情况更糟糕。在那里，不论任何时候一个女性进入报告厅，男孩子们都会吹口哨、跺脚、敲桌子，并发出嘘声。剑桥大学的风气虽然文雅一些，但是也更傲慢。作为一个来自省城——尤其是北爱尔兰——的女孩，我甚至觉得自己在那里像是个骗子。我相信某个人会发现我并将我除名，于是我尽可能地努力工作以求问心无愧。

大约一个月以后，信号再次出现。我立刻给托尼打电话。他说，如果这是一个信号，那一定是来自人类，因为它如此规律，每1.3秒脉动一次，就像是个节拍器。但我知道这不可能。随着地球绕太阳公转，恒星每天升起落下的时间会早4分钟。我第一次观测到信号时是在8月初。现在是11月，这个信号和恒星的脚步一致。如果这是某种人造信号，比如某人开着

有超低压交流发电机的汽车四处走动所发出的无线电波干扰信号，它不会这么刻板地每天早出现4分钟。

第二天托尼来天文台，当他站在我身后观察时，我很焦虑，但信号如约而至了。自那时起，我们就开始思考，这究竟是地球上的什么东西，还是地球外的什么东西。我开玩笑地称呼它为LGM-1，是英文"小绿人"的缩写。但如果它真的是外星文明通信，那他们使用的是一种极其愚蠢的技术。这个信号是调幅的。自然现象有太多方式会改变信号的振幅。如果想让信号在太空中穿越几光年，你不应该用调幅波（AM）而应该用调频波（FM）——这才是更明显的人造信号。

我们设法估计了信号源的距离。它在200光年外：在我们的星系中，但是远远超出了我们几十年前发出的电视或者无线电信号能在太空穿行的距离。这真的有可能是一群好奇的小绿人在向我们不怎么显眼的太阳系发信号。

就在那时，我们发现了一个不同的信号。几个星期后，我们又发现了第三个和第四个，每个信号都有它们各自的周期。于是小绿人的假设被否定了，除非有很多很多的外星人从宇宙的不同方向给我们发信号。换而言之，这应该是某种新类型的恒星。1968年2月，我们在《自然》杂志上发表文章《对一颗快速脉冲射电源的观测》的时候还不知道这一点。当然了，媒体只抓住了文章中的一句话：我们曾短暂地考虑过这些信号可能来自外星球。

我以"S. J. 贝尔"为名发表了文章。最初，出版社并没有意识到我是一名女性，更不要提是名年轻女性。当他们发现的时候，我突然接到记者的电话，询问我是深色头发还是金发碧眼，显然他们认为其他的颜色都不

是可选项。他们还问我的三围是多少，然而我并不知道。有人问我有多高：是比玛格丽特公主还高，还是没那么高？摄影师会问我能否解开衬衫的第一粒纽扣。我很想牙尖嘴利地反击，但是我却没资格那样做。实验室需要宣传营销，而我也需要好的推荐信来得到下一份工作。

在1974年也发生了类似的事情。托尼·赫维希因为发现脉冲星而获得了诺贝尔奖，而我没有。当时，我说服自己这绝对是正确的，因为他是我的导师，但其实我并不完全相信。我认为这种怠慢不是因为我是一名女性，而是因为我当时是一名学生。在过去，学生就是不被认可的。从那以后，情况变好了。

发现脉冲之后不久，我结婚了，并因为丈夫的工作调动而远离了射电天文学。这之后，我开启了不同的职业生涯：我对天文的大部分领域进行了研究，做过讲师、研究员、大学导师和管理人员。但我仍然感到对脉冲星有一种所有权，所以我一直对脉冲星保持着友好的关注。

余震

在超新星本身消失的很长一段时间里，爆炸后的气体残余继续扩张，有时会形成漂亮的星云，例如蟹状星云（见图6.1）。这些看似纤弱的云团却有凶猛的一面，并且会定期地杀死人类。

宇宙射线是从太空飞抵地球的带电粒子束。它们几乎全部是质子，有些被加速到超过地球上任何粒子加速器所能达到的速度。尽管我们自1912年起就知道有宇宙射线，可是其起源依旧是一团迷雾。

图 6.1　中国天文学家在 1054 年发现的超新星爆炸残骸——蟹状星云。
它在大约 6000 光年之外，直径约 10 光年，包裹着一颗明亮的快速旋
转的脉冲星

　　物理学家推测，宇宙射线的主要来源是超新星残骸。超新星爆炸喷射出
的物质运动速度极其快，会产生一个激波。在那里，混乱的磁场汇聚在一起。

　　质子是带电的，因此它们可以被磁场捕获。磁场带动它们在激波中多次
来回运动，就像是来回弹跳的网球，在每次弹跳中获得能量。

　　但是这很难证明。星际间磁场使得宇宙射线在到达我们的探测器的途中
发生偏转，所以当它们到达地球时方向是被打乱的，很难确定它们的来源。解

决这个问题需要通过另一个途径：伽马射线。当一个高能的质子与另一个低能的质子碰撞，会产生一种最低能量特征的伽马射线。这些射线不带电，因此可以不被磁场影响而直线传播。

加利福尼亚州门洛帕克市 SLAC 国家加速器实验室的斯特凡·芬克（Stefan Funk）和他的同事们利用费米伽马射线空间望远镜观测到了两颗超新星残骸。他们看到了很多高于特征能量的伽马射线，几乎没有低能量的射线，证实了这些残骸是活跃的粒子加速器。

这并没能解释所有宇宙射线的来源。有些不是质子而是介子和正电子的，还有一些极高能量的宇宙射线，则可能来自我们的银河系外。但是，构成我们地球上大部分背景辐射的宇宙射线似乎确实来自超新星残骸。

最终崩溃

有时候，即使是强核力也不足以支撑恒星。超过 20 倍太阳质量的恒星的核非常大，当它们耗尽燃料开始塌缩时，没有任何已知力可以阻止这种向内的冲击力。引力是必然的胜利者，它把物质拖向中心，形成了我们所说的黑洞。

如果用爱因斯坦的广义相对论去描述这类物质的引力场，你会发现，在正中心的位置空间的曲率无限大，这种特征叫作奇点，是时空结构中的一个洞。还有一个更奇怪的特征是被称为视界的无形的球面，它环绕在奇点的周围。穿过视界时，没有任何东西可以逃离。

那里几乎空空如也。斯蒂芬·霍金（Stephen Hawking）指出，黑洞也许不完全是黑的：粒子和反粒子的量子泡沫间歇性地出现在视界附近，应该会产生一种辐射，即霍金辐射。这意味着，在无法预知的遥远未来，黑洞最终会失去

所有的能量并彻底蒸发。

尽管没有直接观测到任何黑洞（此处就编写本书时而言，2019 年 4 月 10 日"事件视界望远镜"计划发布了第一张黑洞的照片），但有明确的证据证明它们的存在。通常，黑洞可通过它们对周围天体（例如对恒星或气体）的影响来观测。1972 年，一个距离我们 6000 光年的天体——天鹅座 X-1 被识别为疑似黑洞。它围绕一个蓝巨星旋转，当蓝巨星的气体旋转着进入黑洞时，气体被加热，并辐射出强力的 X 射线。天鹅座 X-1 的质量大约是太阳的 15 倍。假设它是一颗中子星，那么它的质量未免太大了，所以它极有可能是一个黑洞。在众多 X 射线双星中，天鹅座 X-1 是第一个被确定为黑洞候选者的。

一般认为，黑洞的诞生通常从一颗明亮的超新星开始，但是对于能形成黑洞的恒星中质量较轻的那些来说，新诞生的黑洞可能会吞掉周围的大部分物质，消化掉这个爆炸。最终，我们也许会看到一个诞生于这样失败的超新星爆炸中的黑洞。

2016 年，哥伦布市俄亥俄州立大学的克里斯托弗·科查内克（Christopher Kochanek）研究小组报告了他们在哈勃空间望远镜观测数据中的特别发现。红巨星 N6946-BH1 距离地球大约 2000 万光年，第一次被观测到是 2004 年。在 2009 年的几个月里，这颗恒星短暂地爆发，然后又稳定地逐渐消失。哈勃望远镜的新图像显示出它已经在可见光波段消失了。

这些观测与理论预言的一颗恒星塌缩成黑洞的情况完全契合。首先，恒星喷出大量中微子，损失质量；质量下降后，恒星不再有足够的引力吸引住它周围松散的电离氢云；当这个离子云团飘离后，它会冷却，那些电离掉的电子重新附着到氢离子上，这个过程会导致明亮的闪光。当闪光消失后，留下的就只有黑洞了。

黑洞的真正特性仍然不为人知。一些理论学家推测，如果你掉入一个黑洞，在靠近视界的时候，一道"防火墙"就会摧毁你。另一些人认为，你可能会穿过一个虫洞进入另一个宇宙。在奇点的附近发生的事情是一个真正的谜题，不管是相对论还是量子理论都无法解答。物理学家正在努力地寻找可以回答这个问题的统一的量子引力理论。

黑洞太阳

如果一颗行星绕黑洞旋转，就像 2014 年的电影《星际穿越》里的那样，你会认为那里冰冷死寂，是宇宙中最不适合生存的几个地区之一。但是如同我们的地球所经历的那样，热力学力挽狂澜，使得黑洞周围的行星有了孕育生命的可能。

根据热力学第二定律，生命需要一个温度差来提供可用能源。地球上的生命利用的是太阳与冰冷太空之间的温度差。那么反过来想，有一个冰冷的太阳和炎热的天空，会怎么样呢？

有一些黑洞是宇宙中最亮的天体，不仅在可见光波段，在射电、红外、紫外、X 射线、伽马射线波段也常常发出耀眼的光芒。这是因为气体和其他物质在落入其中的时候被加热到极高的温度而发光。捷克共和国奥洛穆茨市帕拉茨基大学的托马斯·奥巴提（Tomáš Opatrný）指出，一个"吃饱喝足"的黑洞实际上温度为 0 度，也就是说，它可能像一个冰冷的太阳。

多亏了宇宙大爆炸后残余的微波背景辐射，太空的温度维持在 2.7 开尔文温度（大约零下 270 摄氏度）。2015 年，奥巴提的团队计算出，一颗地球大小的行星在围绕一个太阳大小的黑洞旋转时，它可能会从温度差中提取大约 900

瓦的可用能量。这也许足够使生命存在，但并不是稳妥的保障。

为了弄清楚是否还有更多的能量可用，奥巴提团队把目光投向了电影《星际穿越》。在电影中，有一颗由科学家米勒探索的行星，它的轨道极度接近一个名为卡刚杜亚的巨大自旋黑洞。通过广义相对论计算可得，黑洞的引力使行星上的时间变长了大约 6 万倍，因此这颗行星上的 1 个小时相当于地球上的 7 年。光的能量和它的频率成正比。这意味着，当宇宙微波背景辐射到达米勒行星时，因为时间膨胀，光的频率增加，光的能量也随之增加。时间膨胀了 6 万倍，米勒行星将会被加热到约 900 摄氏度。

在电影中，米勒的行星上有巨浪扫过。但是奥巴提说，根据他的计算，那更有可能是熔融铝的潮汐。如果这颗行星离黑洞稍微远一点，那么时间膨胀的影响就会变小，这颗行星会凉快一点，也就更适应居住。

然而，正如其他研究者所指出的，实际上这不太可能发生。即使在这样的轨道上有行星形成，也很容易被其他掉入黑洞的物质释放的热量加热。

离地球最近的黑洞在哪里？

离我们最近的已知黑洞候选者是麒麟座的 X 射线双星 V616，观测发现，在那里有个重达 7 倍太阳质量的黑洞在绕着一颗橘红色的恒星旋转。麒麟座 V616 距离地球约 3000 光年之远，不过我们的银河系中可能还有成千上万的黑洞尚未被发现，也许有一些会离我们更近。

7

亿万颗行星

我们的银河系里有数不尽的行星，仅是我们已知的几千颗就有着显著的差异。通过那些相当奇特的色调，我们发现它们之中有炽热而巨大的，有凉爽且是岩质的，也有可能适合居住的。还有数十亿颗行星尚未被探测到，我们能指望在那里找到外星生命吗？

系外行星动物园

1995 年之前，我们所知确定存在的行星只有太阳系内的这几颗。后来，日内瓦大学的博士生迪迪埃·奎洛兹（Didier Queloz）发现了第一颗绕系外恒星运动的行星。从那以后，系外行星的发现便如开闸泄洪般势不可当，至今已有超过 3500 颗系外行星被证实，同时这个数目还在继续增加。我们已发现了太多形色各异的世界。

对地球以外生命的搜寻一直是人类的头等大事。我们所知的生命需要光、水、暖和的温度和适当的引力，于是多岩石的类地行星格外吸引人，尤其是这些系外行星处于温度刚好可以使水维持在液态的宜居带内时。

TRAPPIST-1 行星系统是个出类拔萃的例子。在距离地球仅仅 40 光年的地方，有 7 个温度适宜的地球大小的行星，它们相互之间不过一步之遥，各自都有大气、海洋和生命涌现的可能。这个发现说明这种俄罗斯套娃般的嵌套小星球也许很常见，而且可能是我们在银河系中寻找生命的最佳地点。它们的轨道排列得十分拥挤，通过相互之间引力拖曳达到了平衡。最中心的行星公转 8 次时，第二靠近中心的行星公转 5 次，第三近的行星公转 3 次，第四近的公转 2 次。这种紧密有规律的引力系统或许可促进生命在不同的行星上传播。

一颗新发现的行星 LHS 1140b 已经被认为是寻找太阳系外生命迹象的最佳地点。它是个超级类地行星，直径大约是地球的 1.4 倍，质量是地球的 6.6 倍。尽管这颗星球离它的恒星较近（它公转 1 圈只需要 25 天），但这颗恒星之暗淡使得它接收到的光约为地球的一半，所以对于可能存在的液态水来说这颗行星也足够冷了。这颗恒星是红矮星，很容易爆发耀斑，这可能会毁掉附近行星上

的生命。但是 LHS 1140b 异乎寻常地平静，可见这颗恒星周围的行星正处在低风险中。LHS 1140b 距离我们只有 40 光年，是至今发现的离我们较近、可居住的系外行星之一。因为它离我们很近，而且会在它的恒星和地球之间穿过，所以在它经过时我们会有极好的机会通过观察它的大气对恒星光线的扭曲来搜寻大气中的生命痕迹。

我们发现的最近的岩石行星是半人马座比邻星 b，距离地球仅 4.2 光年。它的大小还没有确定，但可能只是比地球大一点。它位于红矮星半人马座比邻星的近轨道上，沐浴着大量的 X 射线和强劲的**星风**，可能不是理想的生命生存环境。而有利的一点是比邻星 b 就在地球旁边，我们能够观测到它大气中的生命痕迹，或许有一天还能发射一个探测器过去看看。

外星地狱

大部分的系外行星都看起来条件恶劣不易生存。目前，我们发现的最热的一颗是 KELT-9b。它的大小是木星的两倍，轨道靠近一颗炽热的恒星。这颗行星白天的温度高达 4300 摄氏度，差不多与一颗橙星一样热。强烈的光和热足以使这颗气态巨星的大气层以每秒 1000 万吨的速度蒸发。最终当它的太阳扩张并吞噬它的时候，这颗星球就只剩下一个裸露的核了。

如果极端的高温还不够糟糕，那么来点火山和闪电如何？开普勒 -10b 是第一个被证实的太阳系外岩石行星，它距离其恒星太近，表面可能完全由火山构成，而火山灰导致了闪电的爆发。根据地球上火山喷发的数据所建立的一个模型来看，在开普勒 -10b 上，1 个小时内能发生 1 万亿次闪电。

早前，对一颗距地球 1000 光年的行星 HAT-P-7b 的大气探测发现，它的云层由红宝石和蓝宝石组成。这颗行星的亮度随着时间变化，说明该行星上最

亮的区域随着时间移动，这可能是覆盖整个星球的云层在变化的缘故。考虑到这颗行星的高温环境，云层的主要成分应该是刚玉，正是这种矿物在地球上形成了蓝宝石和红宝石。

行星收藏

大多数的系外行星都是通过以下两种方法之一发现的。行星的引力可以让它绕着的恒星发生轻微的摇摆，这在恒星的光谱上体现为微小的多普勒红移；或者，当行星的轨道在一个恰好的平面内，从地球上看过去，行星会从它的母恒星前面经过，导致恒星周期性地变暗，也就是我们所知的**凌日**。只一台开普勒太空望远镜就通过凌日法发现了成千上万颗行星，并且探测到了可用于预测系外行星大气状况的光线变化。

当行星较小或者离它们的恒星较远的时候，不管哪一种方法都难以观察到它们。因此，我们发现的第一批行星是热木星（离它们的母恒星很近的巨行星），同时在已知星球的目录中，大而温暖的行星仍然占据一大部分。

通过微引力透镜现象（引力将背景星发出的光放大）和包括直接成像在内的其他技术，我们已经发现了少量的行星。2MASS J2126 是我们直接看到的一颗行星，这颗真正寒冷且孤独的行星距离它昏暗的褐矮星母恒星 1 万亿千米远，是日地距离的 6900 倍。图像还捕捉到了 HR 8799 天体系统内 4 个行星的运动轨迹。

和热木星一样，其他新的行星类型也有个模糊的定义，例如超级类地行星（大的岩石行星）和迷你海王星（最小的一类气体巨星）。尽管如此，仍有星球不能归为任何一类。开普勒 -10c 因为非同寻常而被划分为一个全新的种类。它环绕一颗距离我们大约 560 光年的恒星运动，半径比两个地球稍大一点。

这个尺度曾一度让天文学家认为它是颗迷你海王星。但在 2014 年，我们发现它的重量实际上是地球的 17 倍，考虑到它的直径，它一定是个格外致密的固体星球。这是一个之前从来没有被看到过的类型，行星形成的模型也从没预测过这类星球的存在。开普勒 -10c 是第一个"特级地球"。

古老的行星

地球的年龄已经很古老了，然而有颗被 5 个小行星环绕的橙矮星，它的年龄是宇宙本身年龄的 80%。

美国航空航天局的开普勒太空望远镜定位到这些行星绕一颗叫开普勒 444 的恒星旋转。这颗恒星距离我们 117 光年，比我们的太阳稍微小一点。像这样的橙矮星被认为是孕育外星生命的极佳候选者，因为它们可以在长达 300 亿年的时间内保持稳定，相比之下，太阳只有 100 亿年。就我们所知，生命起源于偶然，所以越是古老的行星就越有更长的时间使生命得以出现和进化。

环绕开普勒 444 的行星的半径在地球半径的 40%~74% 之间。通过星震学的技术，我们发现开普勒 444 的年龄大约为 110 亿年。作为参考，宇宙年龄为 138 亿年，由此可知开普勒 444 是银河系中迄今为止所知的最老的类地行星。

虽然开普勒周围的行星都太热了，不适宜生命居住，但它们的存在表明，其他地方可能有更凉快的古老星球。

怪奇新星

我们已知的一些太阳系外行星，它们开心地沐浴在四个太阳的阳光中，要么脱离了母恒星系统而在银河系中游荡，要么绕那些只有 100 万岁的恒星旋转。而我们关于系外太阳本来面貌的理论还未成熟，一贯在新的数据出现时相形见绌。未来或许还会有更多的惊喜等着我们。

为了在大自然中占尽先机，研究人员们现在忙于想象未来可能出现的奇怪的新型系外行星。对天文学家来说，这完全不是什么为排解无聊而玩的游戏。理解自然制造行星的能力，可以帮助我们学习太阳系与银河系中同类系统的相似之处与不同之处，这是至关重要的。已发现的系外行星中，有许多挑战了我们对行星形成的理解，甚至可能会把我们对行星最初构成要素的模糊标准悉数破坏。此外，奇怪的新行星类型可以破除我们头脑中既定的地球中心论，这有助于我们理解宜居行星的形成和对外星生命的寻找。

双星系统

在我们的太阳系中，比较大的行星相距甚远，在它们周围环绕着尺度小得多的卫星。我们认为这种熟悉的结构出现的原因是，围绕年轻恒星的原行星盘上的尘埃凝结并演化成大块岩石，然后把它轨道上的所有物质吸收掉。卫星则可能是从行星周围剩下的碎片中形成的，或者是在太阳系发展的过程中被混乱的天体弹珠运动拉扯进来的。

不过，还有第三种选项。一种被广泛认可的模型认为，我们的月亮是在一个火星大小的天体撞击原始地球的时候产生的。在撞击中被抛出来的一部分物质后来聚集在一起，成为我们今天所知的月球。但是，如果两颗星球的撞击

过程没有这么激烈，那么它们最终可能会变成一个稳定的双行星系统。

双行星系统的发现可以让我们了解太阳系形成之初动荡的"童年时代"，还能证明那种制造了月亮的撞击行为不仅能够形成卫星，也可能是一条行星诞生之路。对天文学家来说，幸运的是系外双行星在经过并**遮挡**住它们的母恒星发亮的一面时，可以投射出特有的双重阴影，这样的凌日信号很容易被美国航空航天局的开普勒太空望远镜或者其他为了寻找新地球而设计的望远镜捕捉到。

毫无疑问，最有趣的结构是两个类地星球被锁在一个双星轨道上。想象一下，我们的地球在茫茫宇宙中还有一对孪生兄弟，在那样的平行世界中有生命甚至是太空文明。

派对行星

尽管我们的太阳系里的所有行星都冷淡地固守在自己的轨道上，但除了忠实的卫星之外，它们也确实会容忍其他同伴的存在，在拉格朗日点出没的特洛伊小行星群就是个例子。拉格朗日点是恒星和它的行星引力达到平衡的位置。木星在太阳周围牧养着一支特洛伊小行星群部队，地球也有个特洛伊小行星，是一块名为2010TK7的岩石。

从理论上讲，有着行星大小的天体没有理由不能排列成一个"派对轨道"，它们可以分布在离母恒星同等距离的轨道上。只要这个拥挤的轨道带两侧没有任何其他星球的引力扰动去破坏它精妙的编排，这样的结构就可以稳定地维持数十亿年。而我们不太清楚的是这种结构的形成方式。

共轨行星的存在将推翻目前盛行的理论——行星的轨道附近不能有任何其他的大型天体，正是这个理论在2006年将冥王星驱逐出了九大行星的行列。

由于陨石撞击出的岩石可能会携带一些耐寒的基因组织，所以这些星球之间甚至可以有文明的互相传播。

卵形星球

气态巨星 WASP-12b 的轨道与它的母恒星距离非常近，以至于恒星的强引力使它变形成为一个隆起的卵形。弗吉尼亚州费尔法克斯县乔治梅森大学的布拉堡·萨克塞纳（Prabal Saxena）和他的同事们决定去探索这样的潮汐变形会不会影响像地球这样的岩石星球。他们计算发现，岩石行星在被彻底撕碎前，它的赤道长度会比两极之间的距离长五分之一。

这种橄榄球形状星球的发现将是行星科学的福音。行星对恒星引力的反应将提供一种探测其内部结构的全新的方法，例如，显示一颗行星是固态的还是气态的。此外，卵形星球的大气会在不同位置经历不同等级的引力，这或许会塑造出出乎意料的有趣气候。

幽冥行星

随着恒星系统的演化，其行星可能会向内或者向外迁移。当靠近恒星熔炉时，一些气态行星的大气层可能会被热量和星风剥离掉，最终只剩下一个岩石的核心。因为暴露了行星隐藏的内部世界，以希腊神话中地下世界的神明为灵感，这类行星被称为幽冥行星。如果一颗寒冷的迷你海王星向它恒星的温暖宜居区移动，多余的热量不仅会把它的大气层吹散，还会融化它裸露出来的富含冰的地表。这颗行星因此会变成一个覆盖着海洋并存在适合呼吸的空气的星球。

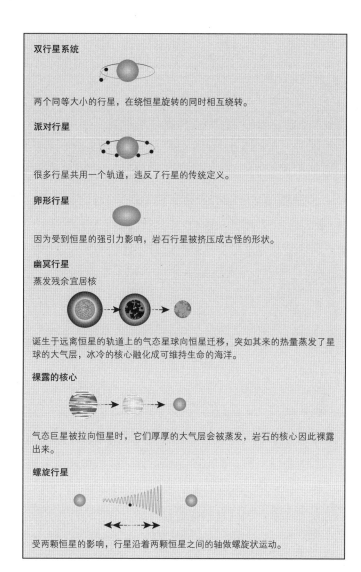

双行星系统

两个同等大小的行星，在绕恒星旋转的同时相互绕转。

派对行星

很多行星共用一个轨道，违反了行星的传统定义。

卵形行星

因为受到恒星的强引力影响，岩石行星被挤压成古怪的形状。

幽冥行星

蒸发残余宜居核

诞生于远离恒星的轨道上的气态星球向恒星迁移，突如其来的热量蒸发了星球的大气层，冰冷的核心融化成可维持生命的海洋。

裸露的核心

气态巨星被拉向恒星时，它们厚厚的大气层会被蒸发，岩石的核心因此裸露出来。

螺旋行星

受两颗恒星的影响，行星沿着两颗恒星之间的轴做螺旋状运动。

图 7.1　未被发现的系外行星可能存在与现有发现截然不同的形状和轨道

螺旋行星

令人费解的是，一些星球会出现在一种不确定的轨道上，绕着双星系统中两个恒星之间的轴线旋转，被两者的引力角逐拉来拉去。阿拉巴马州奥本大学的理论物理学家尤金·奥克斯（Eugene Oks）发挥想象，认为这些旋转的星球会沿着一个虽然奇怪但是稳定（尽管只是推测）的完全新类型的行星轨道运动。

奥克斯计算了一颗螺旋行星在一颗橙矮星和一颗红矮星之间运动的轨迹。这两颗恒星属于距离地球 200 光年的双星系统开普勒 -16。在地球上一星期的时间内，这颗螺旋行星在一个圆锥形的轨道上完成了一次疯狂的环行。

在这种几天内完成四季变换的极端环境中生存的任何生命，都会目睹宇宙中最诡异的夜空。当行星抵达螺旋轨道的终点，掉头返回另一颗恒星时，终点处的那颗恒星会突然在天空中翻转方向。

寻找外星人

用一句话总结我们寻找地外文明的大部分尝试，那就是：站在公共电话旁等待它响起来。20 世纪 50 年代后期以来，一种普遍的逻辑是外星人也许正在向太空中发射射电信号，我们只需要调到正确的频道就可以收听了。但迄今为止，我们的尝试只覆盖了数千亿星系中的几千颗恒星，难怪我们没有听到一点动静。

最新的一轮搜索始于 2016 年，由一个为期 10 年、预算 1 亿美元的项目"突破倾听"（Breakthrough Listen）发起。项目由科技企业家尤里·米尔纳（Yuri Milner）资助，将会建设两台世界上最大的射电望远镜，在更广阔的射电波段范围内巡视距离我们最近的 100 万颗恒星，覆盖的天空面积将是之前所有搜索

项目总和的 10 倍。

然而，正如该项目设计师欣然承认的那样，尽管有种种希望，这个项目仍旧只是建立在一个 20 世纪中期的想法之上的。正如地球上的蒸汽动力一样，通过电磁波进行通信除了引发一场对遥远文明的短暂狂热外并不能证明什么。考虑到外星社会可能已存在百万年之久，我们的射电搜寻方式或许已经可笑地过时了。

现在，从仔细观察外星人的呼吸方式到探测宇宙工程的巨大壮举，一些令人兴奋的寻找地外生命的新方法正层出不穷。

远方的空气

我们已知的所有生命形式都是自我复制的机器，并在自我复制的过程中把能源变成废料。随着时间的推移，各类生物的无数种生化过程会显著地改变世界。

在地球上，几乎所有的动物都吸入氧气并释放二氧化碳，而植物大部分时间在做相反的事情。某些细菌能大量生产甲烷和氨。因此，各种生命制造出了混合的气体，这是我们星球独一无二的生物特征。

美国航空航天局的詹姆斯·韦伯空间望远镜（James Webb Space Telescope）发射升空之后，它对系外行星大气的深度巡天将会使我们首次窥见其他星球的生物特征。这台望远镜将通过凌日法研究经过母恒星面前的行星，在这些小型的日食期间，背景星光经过行星大气层，随后这些光在亿万千米之外被分解，用于揭示光谱上的分子印记。

如果幸运的话，和我们人类相似的耐寒生物特征会被发现。然而在现实中，与地球上截然不同的外星地质现象以及奇异的外星生化特征会让信号一团

混乱，使我们的解码之路阻碍重重。

有毒气体

即使系外行星的大气层中确实有明显的生命迹象，我们也不知道那究竟是无意识的绿色黏液还是有意识的城市建造者。有智慧的外星人才可以制造出化学物质，寻找相似灵魂的更可靠方法是寻找技术的痕迹。

外星文明有基本的化学知识，而且至少在一段时间内，他们也像我们一样制造了大面积的污染。基于这种假设，哈佛大学的天文学家阿维·勒布（Avi Loeb）提出了应该寻找诸如氟利昂之类气体的建议。氟利昂曾是一种常用于空调和喷雾剂的物质，虽然这个破坏臭氧层的可恶家伙如今已经被弃之不用了，但还是有一些会在大气层中保存数万年。这或许又为探测外星文明打开了一扇新的窗口。

如果想让韦布空间望远镜在外星大气中观测到氟利昂的信号，外星大气中的氟利昂含量至少要是地球上的 10 倍。即使对于最不受环境影响的生物来说，这种环境也过于苛刻了。当然，如果是寒冷星球上的外星居民想通过往大气中添加氟利昂以制造温室效应来保持温度的话，就另当别论了。

城市灯光

一个像我们这样夜视能力有限的先进的行星文明，应该会在他们的生活环境中布置人造灯光。我们能在外星夜晚探测到闪耀的城市灯光吗？

利用现有的望远镜，我们可以从冥王星上看到东京。即使是离我们最近的恒星，要想看到它上面的灯光，也需要一台 200 米口径的太空望远镜。这个尺寸大约是韦布空间望远镜的 40 倍，也许直到下个世纪才能建造出来。不过，

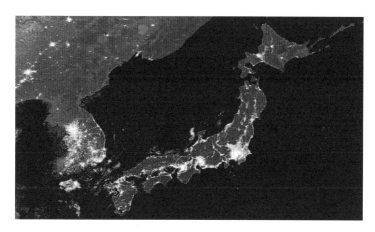

图 7.2　日本的城市灯光似乎在向冥王星的天文学家发送信息

万一外星城市比东京大得多呢？也许在不久的将来，我们使用有望造出的大型太空望远镜，或许就能看到遍布整个行星的城市景观。

我们的尝试或许会遇到阻碍：可能观测到的并非城市灯光，而是与之非常类似的庞大外星藻类发出的生物荧光。就和前文提到的射电通信一样，有人造灯光的城市可能只是外星文明的过渡阶段。这种情况下，我们需要非常幸运才能够在恰好的时间捕捉到外星种族的痕迹。

外星人在路上

也许不久之后，我们能把商店开到太阳系的其他地方去，甚至能够进行星际探索任务。但外星文明也许已经先发制人了。抛去在物理上还难以实现的超光速推进或者虫洞（反正它的信号很难预测）不谈，我们应该寻求怎样神奇的星际旅行方式呢？

如果用我们自己的尖端科技做指引，外星人的宇宙飞行也许会使用某种

经过改造的帆船，利用接收到的光产生的压力运行。直到今天，我们在这个方向的努力还微不足道，但展开一个足球场大小的帆，通过捕获高能激光产生的风来驱动应该是可行的。使用目前的望远镜应该很容易发现这种装置泄漏的明亮光线。"突破聆听"项目将以迄今为止最大的一次扫描来补充对外星人射电信号的搜索，以探测朝我们的方向发射的激光，间接地帮助我们发现在宇宙中遨游的外星人。

有一种可能性较低的情况：外星人可能已经建造了以核裂变和核聚变供能的飞船。除非这些正在进行星际迷航的外星人正好从我们眼皮子底下经过，否则我们很难捕捉到他们的最小光能输出。更进一步，外星人掌握的物理定律超过了我们的认知，他们或许已经造出了能够提供最高效率能量转换的物质－反物质湮灭发动机。这样的飞行器会喷出一束束强光，将来的大型望远镜或许能够看到星际间的"车流早高峰"。

大型建筑

2015 年 10 月，外星文明已经被发现的谣言席卷网络。开普勒空间望远镜看到一颗名为 KIC 8462 的恒星（通常被称为塔比星），它的光辐射强度的涨落高达 22%。一般情况下，这会被认为是系外行星凌日的结果，但这次情况并不简单。木星可能会阻挡我们的太阳大约 1% 的光线，相比之下，KIC 8462 比太阳大一半还多，遮住它光线的天体一定非常巨大。难道我们偶然地发现了一个巨大的外星建筑工程吗？

这个想法刚好与戴森系外智慧生命搜索（Dysonian SETI）项目不谋而合。该项目由物理学家、工程师弗里曼·戴森（Freeman Dyson）在 1960 年打下基础，并因此得名。戴森提出，我们可以寻找外星宏观工程存在的证据，就像埃及的

金字塔比它的建造者存在更久一样，太空中的巨型建筑会给外星人捕手们提供一个更持久的目标。

戴森球是太空巨型建筑的典型案例。它是一种为了收集恒星能量而环绕恒星建造的紧密甚至严丝合缝的壳型结构。它可以收集一颗恒星的能量，适合为大型项目供能，比如可以计算整个宇宙的过去和未来的超级计算机。恒星可能会被一个完整的壳型结构完全遮挡，但是我们仍希望能窥探到它的余热，或者看到正在进行中的建筑工事发出的闪光。对我们来说，这看起来和大规模的系外行星凌日一样。

事实证明，塔比星的光波动在紫外线波段比红外线波段更明显，极不可能是被大型物体遮挡的结果。最近流行的解释是，在塔比星周围有一个均匀的尘埃环。尽管如此，我们将来仍有可能在其他恒星上看到外星宏观建筑更清晰的信号。

感受热度

我们可能认为自己是高等文明。但是苏联科学家尼古拉·卡尔达肖夫（Nikolai Kardashev）制定的一套分级系统把人类准确地划分到了正确的位置。20 世纪 60 年代，他就提出文明的等级应该按照它能够利用的能源来划分：可以使用母恒星所有能量的文明为 K1 级，能够用戴森球榨取母恒星能量的文明为 K2 级，能大量使用它所在星系的所有能量的文明为 K3 级。在卡尔达肖夫分级中，我们人类的文明只不过是 K0.73 级。

即使是 K2 级和 K3 级这种惊人的文明，也仍旧摆脱不了基础物理规律所带来的大量的热量损失，这些损失或许通过红外线释放出来。迄今为止，对这方面最雄心勃勃的探寻是外星科技热量扫描（G-HAT）项目——利用美国航

空航天局的大视场红外巡天探测器来寻找潜在的 K3 级文明。这个项目把观测范围从接近 1 亿个星系削减到 10 万个更让人感兴趣的富红外星系。然而进一步的分析发现，这些额外的红外辐射与其活跃的恒星形成，尤其是富尘埃星系中的恒星形成完全自洽。即便如此，或许仍有仅仅消耗了一小部分母星系能量的次级 K3 文明隐藏在黑暗中。

有了环绕母恒星的"能量农场"，外星人就可以追求大科学研究了。如果外星人中也有粒子物理学家，他们可能会嘲笑我们引以为豪的大型强子对撞机。我们的对撞机可以产生 13 万亿电子伏的对撞能量，而真正的核心物理则出现在比这高千万亿倍的尺度上。有了如此之高的能量，引力也许可以和自然界的其他基本力统一。如果真的存在探索大统一理论的粒子加速器，我们应该能观测到，它将有一个星系那么大，并且会大量释放余热和辐射。

这种超大号强子对撞机最有可能流出中微子。中微子是原子核的一小部分，几乎不与正常物质相互作用。不过，中微子在整个宇宙普查中极其罕见，目前如南极的冰立方探测器之类设备并不一定有希望捕捉到一个中微子。我们需要一系列分布在地球海洋里的几十亿个传感器组成探测网络才可能达成目的，而这样规模的投资可能超出了任何亿万富翁慈善家的资助范围。

8

银河系的奥秘

即使天空没有被城市灯光照亮，你能看到的银河故乡也只是一条杂乱的发光带，这不过是整个星系伟岸真身的一个微弱投影。银河系的多条旋臂上有成百上千万的恒星，有明亮得让我们的太阳像蜡烛的火焰般相形见绌的恒星；有色彩丰富的气体云和漆黑的尘埃带；也有居于中心的一些狂乱的恒星和怪异而稳定的 X 射线辐射，昭示着沉睡怪物的存在。

银河之岛，故乡之岛

身在银河系中，我们很难识其真面目。星际尘埃阻塞了银河系的大部分空间，有些区域被彻底遮盖了。但是，随着过去几十年里天文学家煞费苦心地为我们的银河之岛绘制地图，银河系的巨大全貌逐渐从迷雾中显现出来。

由恒星、气体和尘埃构成，直径约为 10 万光年的致密圆盘——这是银河系最显著的特征。一个大约 1.2 万光年大的核球在圆盘的中心凸起，使银河系的整个形状看起来像是背靠背的两个煎蛋。环绕着这些发光的部分的，是一个由古老恒星组成的暗弱的球形，以及超过 150 个**球状星团**——由紧密结合的恒星组成的球。总的来说，银河系至少包含 2500 亿颗恒星，或许有 1 万亿颗之多。

1923 年，美国天文学家埃德温·哈勃成为第一个在一个遥远的、模糊的、被称为仙女座星云的光斑中精确定位恒星距离的人，银河系的图像从此开始显现。他的测量揭示了恒星实际上是在一个孤立的"宇宙岛"上。这个发现暗示了银河系可能也是一个星系岛屿。

舒展的旋臂

此后的观测显示出，我们的银河系有明亮的旋臂，这些旋臂由在圆盘上旋转的密集恒星组成。我们无法到银河系之外从远处看到它的全貌，但它很可能看起来像个巨大的风火轮。这样一个巨大的棒旋星系并不常见，宇宙中绝大部分星系都是小而暗淡的一团，但我们的星系却蔚为壮观。

然而，我们对银河系的描绘还不够完整。旋臂结构的形成仍是一个谜。恒星分布在星系中心周围近似圆形的轨道上，因此这些旋臂并不反映恒星的轨道。

取而代之，科学家们认为旋臂形态是一种叫密度波的扰动造成的。沿轨道运动的恒星和气体云周期性地进入从星系中心延伸到圆盘边缘的螺旋压力波中，就像是汽车驶入拥挤路段一样。压力波挤压气体而形成了大量明亮的新生恒星，点亮了旋臂。但是，我们还不清楚最初是什么引发了密度波。

我们在银河系中很难看到旋臂，它处在星系边缘，又有尘埃阻挡了大部分视线。天文学家尽最大努力测绘了旋臂里明亮恒星的位置，射电望远镜也捕捉到了其中致密氢云的信号。用这种方法，他们追踪到了四条主要旋臂的一些片段，这四条旋臂分别是盾牌－南十字臂、人马－船底臂、英仙臂和外缘旋臂。在它们之间，似乎还存在一些小一点的次要旋臂。

2003 年末，堪培拉市澳大利亚国立大学的娜奥米·麦克卢尔－格里菲斯（Naomi McClure-Griffiths）领导的研究小组宣称发现了另一条旋臂的片段。他们使用 64 米口径的帕克斯射电望远镜和由 6 个直径 22 米的射电碟形天线组成的望远镜阵列，在银河系最边缘探测到了一个长约 7.7 万光年的致密氢气旋臂。从地球上看，这条旋臂的宽度几乎是满月的 150 倍，它也许是银河系外缘旋臂的一部分。

涟漪效应

2013 年，一张汇集了成千上万颗恒星的速度和距离的三维地图显示出，银河系正在呈波浪状上下起伏。德国波茨坦莱布尼茨天体物理研究所的玛丽·威廉姆斯（Mary Williams）和她的同事检查了径向速度实验巡天计划（RAVE）的数据。这个巡天计划覆盖了横跨 6500 光年各个方向上的近 50 万颗恒星。这个团队主要关注红团簇巨星，这类恒星的亮度大致相同，所以计算它们与我们的相对速度和距离比较容易。他们综合考虑了 RAVE 的地平运动数据以及其他

的关于恒星上下运动的相关材料。

研究小组发现，更靠近星系中心的恒星在平面的上下向外扩散，而更远的恒星在向内挤压。这些区域之内的单个恒星的运动模式是混乱的，有些在向着诡异的方向晃动。如果能从外部观察整体的运动模式，我们将会发现的银河星盘仿佛一面旗子在微风中飘动。

这种波动可能是其他星系曾经撞击我们的星系而留下的残留影响，或者也可能是我们的卫星星系——**大小麦哲伦云**——在围绕银河系旋转的过程中造成的星系盘扭曲。还有一种更神奇的解释是，这种波动是大团的暗物质（见第9章）引起的扰动。

欧洲空间局的盖亚卫星正在执行一项绘制银河系三维地图的任务，根据它的数据，我们很快就能知道整个银河系是否都在波动。

模糊的开始

银河系是如何形成的？这是一个很难回答的问题。银河系中最古老的恒星大约有130亿年的历史，而宇宙是在138亿年前的大爆炸中诞生的，这表明银河系在大爆炸后不到10亿年就形成了。大爆炸产生了一个高温且极其致密的火球，随后逐渐膨胀和冷却。但这个火球并不是完全均匀的；相反，它形成了无数密集的斑点，以某种方式孕育了我们今天看到的星系团块。

然而，天文学家们对这个过程的细节并不清楚。是恒星或小星系团先形成，然后在引力作用下聚集在一起形成星系，还是气体和尘埃在年轻的宇宙中先形成巨大的结构，后来才破碎而产生了恒星？

理想社区

如果银河系中有房地产经纪人，他们一定会热衷于推销太阳系：位于安静地段，有极佳的开阔视野，富含化学物质，还没有吵闹的恒星邻居。

太阳坐落在距银河系中心 2.6 万光年的"郊区"，这个距离刚刚超过银河系半径的一半。我们身处"郊区"可能并非意外。一些科学家认为，为了使生命在行星上进化，可能需要大量的比氢和氦更重的元素来创造具有多种生物学功能的分子。重元素在星系中心最多，因此，可以形成生命的行星系统不会离星系核心太远。另一方面，高级生命需要数十亿年的时间来进化，这不太可能发生在星系中心频繁发生超新星爆炸的地方。

泰坦之战

没有一个星系的演化是完全孤立的。事实上，星系在不停地运动，它们之间的万有引力经常把它们置于相互碰撞的轨道上。在星系中，恒星或恒星系统通常相隔几光年。所以当星系碰撞时，它们的恒星很少互相碰撞。不过，星系内的星际云确实会发生碰撞，然后在重力作用下坍缩，引发新恒星的形成。

星系碰撞绝不是罕见的事情，就在此时此刻，至少有一次星系间的碰撞正在发生。在远离我们的星系盘另一端，人马座矮**椭圆星系**正在被银河系吞噬。这个太阳系外矮星系包含了大约 3000 万颗恒星，大部分是黄色的老年恒星。它们正以每秒 250 千米的速度穿过星系盘。

更大规模的并合可能发生在遥远的过去。银河系的薄盘由各个年龄层的恒星组成，上面叠加着一个只由古老恒星组成的更厚的圆盘。一种可能的解释是，至少在 100 亿年前，银河系吞噬了另一个只有它十分之一大小的星系，或者几个更小的星系。引力相互作用会使银河系中原本已经形成的恒星膨胀，从

而形成更厚的星盘。

终有一天，我们将面临一次更大的碰撞。在我们**本星系群**的几十个星系中，只有仙女座星系的大小与银河系相当。它距离地球 220 万光年，但这个距离正以每分钟 8000 千米的速度缩小。在大约 30 亿年后，这两个"巨人"将会撞向对方，使彼此面目全非。

模拟数据表明，在大约 10 亿年的时间里，这两个星系可能会相互穿过对方两到三次，拉扯出细细长长的恒星流，最后会形成一个相当不成形的椭圆星系。到那时候，不断变亮的太阳已经把地球烤成了一个没有生命的星球。也许人类，或者任何接替我们的智慧生命，将会看到仙女座星系步步逼近并填满天空的壮观景象。

星际窃贼

星系之间总是有样学样。银河系最明亮的卫星星系被指控犯有与银河系本身相同的罪行：撕裂一个距离自己过近的天体。

大麦哲伦星云是环绕我们的 50 多个星系中最明亮的。它距离地球 160 000 光年，非常明亮，你用肉眼就可以看到。

2016 年，法国斯特拉斯堡大学的尼古拉斯·马丁（Nicolas Martin）和他的同事们发现了一个看起来像球状星团（一群紧密聚集的恒星）的东西正处于危难之中。该星团位于大麦哲伦星云的外围，距离大麦哲伦星云中心约 42 000 光年。

这个球状星团被拉长了，它的长轴正对大麦哲伦星云。这说明星系对星团近侧的引力大于对远侧的引力，因此星团被拉扯开了。

不过仍然有难以解释的地方。研究小组表示，如果这个球状星团已经绕星系运行了很长一段时间，那么它为何直到现在才被破坏呢？因此，他们怀疑这个星团最初属于附近一个质量较小的星系——小麦哲伦星云。小麦哲伦星云引力较弱，没有把它撕裂，直到最近大麦哲伦星云才夺取了星团并开始粉碎它。

含硫黄的云

你需要一个极其灵敏且巨大的舌头才能品尝云的味道，不过横跨银河系中心大约 100 光年的分子云——人马座 B2 的味道会很糟糕。

在足以制作 300 万个太阳的氢气和氦气中，混着些许甜味：防冻剂中黏稠有毒的主要成分甘醇，以及散发着柠檬味果香的甲酸乙酯。为了加点酸味调和，这片云中还有醋酸。此外，这里还有充足的酒。1975 年，太空中的第一个乙醇分子就是在这里发现的。

与上述一切相伴的，也有不那么可口的东西，比如丙酮——它可以很好地去除指甲油，以及有明显的臭鸡蛋味道的硫化氢。与氢分子相比，这些化学物质可以说少得可怜。但是由于这片云太大了，有许多被明亮的年轻恒星照亮的厚斑，所以即使是微量的各种物质也会留下可探测的光谱特征。

40 多年来，对于宇宙化学家来说，人马座 B2 有点像帝王谷或伯吉斯页岩，值得反复探索。只有这样做，我们才可能会对生命的起源有一些了解。

一个星际有机化学实验室只需要很少的原料。在人马座 B2 这样的云团中，以及很久以前孕育了我们太阳系的云团中，极微小的尘埃颗粒周围也能凝结冰层。

被冰覆盖的尘埃颗粒被辐射击中时，会产生自由基，推动化学反应，从

而生成更大的分子。分子云中会凝结产生恒星，这种现象正在人马座 B2 的北部发生。恒星的光使冰变暖，蒸发任何已形成的分子。我们可以在太空中探测到分子因为化学键自旋和伸缩而释放的射电辐射。

分子云的这一部分为我们展示了一系列复杂有趣的内部有机分子。2008年，波恩马克斯·普朗克研究所的阿尔诺·贝洛切（Arnaud Belloche）带领其团队发现了氨基乙腈，它是结构最简单的氨基酸——甘氨酸的近亲。2014 年，该小组宣布首次发现了一种具有碳主链分支的星际分子。这表明复杂氨基酸也可能在太空中存在。2016 年，另一个团队发现了第一个手性星际分子，这种结构在生物学中很常见，可以有不同的镜像版本，就像你的右手和左手一样。

在我们的太阳系中，上述许多分子甚至是氨基酸都存在于彗星及陨石上。这些物质可能是在它们早期撞击地球时着陆在地球上，提供了生命诞生所需的成分。但在此很久以前，它们可能是生长在被辐射过的尘埃颗粒形成的薄而冰冷的外壳中，然后飘浮于太空，沐浴在新生恒星的光芒中。

黑暗之心

在银河系的中心有一个怪物。通过观察星系中心周围恒星的速度，天文学家们发现，那里有一个看不见的致密天体，其质量大约是太阳的 400 万倍。它集中在如此小的区域，对其唯一可信的解释似乎是**超大质量黑洞**。

即便称不上全部，也可以说大多数大星系都有一个中心黑洞。在这些庞然大物中，有些是狂热的食客，肆意地吸入周围的气体。气体落向黑洞时温度会升高，变成在整个宇宙中都能看到的如灯塔一般的类星体（见第 9 章）。但我们银河系的超大质量黑洞人马座 A* 看起来却异常疲倦和暗淡，只是温和地

辐射着 X 射线和无线电波。

显然有大量的物质可供人马座 A*"狼吞虎咽"。它周围环绕着一个挤满了大质量恒星的星盘，研究人员此前计算过，这些恒星的星风喷出了足够的气体，可以在一年的时间里为黑洞提供质量相当于 4 个地球的"食物"。假设它吞噬掉如此之多的物质，那么其 X 射线辐射会增强 1 亿倍。

产生这种情况的原因可能是人马座 A* 周围的气体太热了。在气体开始向黑洞下落之前，星盘中恒星风之间的碰撞将气体加热到 1000 万摄氏度。这种炽热的气体是稀薄的，它的颗粒随机飘动，很难被捕获。从黑洞附近喷射出来的物质也可能起到一定作用，将原本可能落入黑洞的气体吹走。

旧时闪耀

我们银河系的超大质量黑洞可能是因为处在一个过渡阶段而暗淡。2003 年，一颗名为"积分"的卫星发现了来自人马座 B2 气体云的高能 X 射线，那里距离黑洞约 350 光年。

对此一个合理的解释是，大约 350 年前，地球上的观测者所看到的银河系中心黑洞在短波段处非常明亮，比现在亮 100 万倍。如果牛顿或伽利略发明了一流的伽马射线望远镜，他们就可能会看到银河系中心的耀眼光芒。明亮的辐射在爆发 350 年后到达人马座 B2 云，所以现在的我们才看到这片云发出 X 射线的荧光。既然我们的星系近来有过活动期，那么它很可能在未来再次爆发，只是不知道什么时候罢了。

在 200 万年前，似乎发生了一次更大的黑洞爆发。2010 年，天文学家利用美国航空航天局的费米伽马射线卫星发现了一对在银河系平面上下延伸达 25 000 光年的壮观但神秘的结构，这个结构现在被称为费米气泡。从暗物质湮

灭散发出的伽马射线到恒星形成时的星爆所释放的超声速风，有各种理论试图对这个结构进行解释。

2013 年，加州大学圣克鲁兹分校的比尔·马修斯（Bill Mathews）和上海天文台的郭福来提出，这些气泡是由人马座 A* 的爆发引起的。该理论认为，当超大质量黑洞吸入物质时，这些物质会进入一个围绕着黑洞的吸积盘，变热并开始发光。当大量的物质进入吸积盘中，能量就会以明亮的粒子喷流的形式在垂直于黑洞自旋的方向释放出来。模拟结果表明，两股这样的高能粒子喷流就可能产生这样的气泡。据他们计算，这次爆发可能发生在 100 万到 300 万年前，并持续了几十万年。

悉尼大学的乔斯·布兰德－霍桑（Joss Bland-Hawthorn）意识到这样的爆发可能会揭开另一个未解之谜。1996 年，天文学家们发现麦哲伦星流（一种快速流动的气流，主要由氢气组成，距离银河系约 240 000 光年）其中一段的亮度是其他部分的 10～50 倍，这会是那些吹起了费米气泡的爆炸造成的吗？毕竟，星流中明亮的部分刚好位于星系中心下方。

根据其他含有活跃的超大质量黑洞的星系的数据，布兰德－霍桑和他的同事们计算出，如果人马座 A* 也曾经历活跃期，辐射的紫外线的确可以电离并点亮麦哲伦星流的一部分（见图 8.1）。

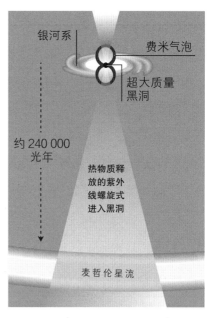

图 8.1　200 万年前，我们的银河系黑洞也许制造了两个气泡，并且点燃了一部分星际气体云

如此巨大的爆发会在地球南部的天空中形成一个明亮的如月亮一般大的斑点，那时地球上的能人（Homo habilis）或直立人（Homo erectus）可能有过对这样天象的描述。

极速恒星

S2 是一颗快速、耀眼、蓝白色的恒星。蓝白色恒星通常不会如此快速。它的轨道距离银河系中心的黑洞人马座 A* 只有一步之遥，运动速度高达每秒 5000 千米，接近光速的 2%。

它自哪里来？在距黑洞如此近的情况下，气体云在凝聚成新的恒星之前应该已经被黑洞的重力撕碎了。虽然一颗恒星可能会从比较平静的繁殖地向内迁移，但 S2 是一颗年龄不超过 1000 万年的明亮的年轻星体，对于这样的长途跋涉来说，它的历史似乎太短暂了。

采访：我如何拍摄一个黑洞

射电天文学家和天体粒子物理学家海诺·法尔克（Heino Falcke）就职于荷兰奈梅亨市的奈梅亨大学，他计划利用全球射电望远镜网络捕捉银河系中心的黑洞。2015 年，《新科学家》杂志采访了他。

为什么要拍摄黑洞？

黑洞早在一个世纪前就被预言了，但我感觉现在我们对它们的了解越来越少了。我们仍然没有确凿的证据证明事件视界（黑洞表面无法返回的临界点）的存在。而且，视界的存在和量子理论是相悖的。有些东西需要

改变，但我们还不完全清楚是要改变什么。

我们是如何知道在银河系的核心有一个黑洞的呢？

银河系中心轨道上的恒星速度约为每秒 10 000 千米，这意味着其中心质量肯定是太阳质量的 400 多万倍。在银河系中心，我们唯一看到的东西是一个非常短的亚毫米无线电波源，叫作人马座 A*。

你计划中的庞大的射电望远镜网络会发挥什么作用？

黑洞的视界大概有 2500 万千米宽，但是它离我们足有 27 000 光年之远。要在亚毫米波长下成像，你需要一个像地球一样大的望远镜，而全球规模的射电望远镜网络可以获得相同的分辨率。

美国的天文学家也致力于类似的想法吗？

10 年前，我与麻省理工学院的谢普·多尔曼（Shep Doeleman）第一次讨论过这些想法。多尔曼目前领导着美国主导的事件视界望远镜项目。对我们或他们来说，分别使用现有望远镜的一部分没有任何意义。我们需要彼此。

你具体在寻找什么？

我们希望看到来自黑洞周围的射电波是如何被弯曲和吸收的，就像克里斯托弗·诺兰的电影《星际穿越》一样。观测的结果应该是一种中心的"影子"。通过将实测阴影的大小、形状和锐度与理论上的预测相比较，我们可以检验广义相对论。如果影子的大小是预测的一半或者两倍，我们就可以说广义相对论不可能是正确的。

你所面临的最大挑战是什么？

这项技术令人生畏，但现在已经在我们掌控之中了。对于每台望远镜，

你必须以每秒 64 千兆比特的速度记录数小时的数据，并在各大洲之间运送装有百万亿比特数据的硬盘。在欧洲研究理事会和美国国家科学基金会的资助下，预算紧张的问题稍有缓解。

我们什么时候才能第一次看见黑洞的真面目？

我曾在 2000 年说结果可能在 10 年内出来，所以我最好把期望值降低一点。也许还需要 10 年？我希望不会，但这终究需要时间。

玻色子星

黑洞是宇宙中让人爱恨交加的"怪物"，它令人着迷，也让人琢磨不透，隐隐约约地散发着恐怖。我们最好的引力理论——爱因斯坦广义相对论预言了这些贪得无厌的"宇宙食人族"的存在。不久，我们就会得到黑洞的第一张直观图像——银河系中心的那个大黑洞。但是，万一它不存在呢？

对黑洞的迷恋可能蒙蔽了我们的双眼，使我们看不到更奇怪的东西的存在——一种我们还未能理解其意义的粒子物理学基本现象。当然，这只是一个推测性的想法，但我们有充分的理由去考虑它。

没有人知道黑洞内部是怎样的。那里是宏观的广义相对论领域与微观的量子理论领域的交点，而这不是件好事。相对论认为，任何落入黑洞的物体都会被黑洞的重力挤压成一个体积为零、密度为无穷大的奇点，但这样的话，任何方程都将毫无意义。同时，理论学家的精妙计算表明，黑洞必须要么摧毁信息——这在量子理论中是完全不可能的，要么打破广义相对论的一个原则，将自己包围在一个被称为火墙的沸腾能量中。

2016 年，在首次发现引力波的公告（见第 10 章）中终于出现了一些关于黑洞存在的有力证据。激光干涉引力波天文台和室女座干涉仪实验观测到的信号与两个恒星质量的黑洞碰撞合并的理论预言完全一致。

那么我们问题就此解决了？"没那么快。"德国法兰克福高等研究院的卢西亚诺·雷佐拉（Luciano Rezzolla）给出回答。这些信号可能不是来自黑洞，而是来自一个完全不同的理论设想：玻色子恒星。

构成大多数物质的基本粒子都属于费米子。它们的典型特征是遵循泡利不相容原理，即粒子彼此不能占据相同的量子能态。泡利不相容原理解释了物质世界的形态，它决定了电子如何在原子核周围以不同的能级排列，从而决定了各种化学元素的性质。

玻色子则是另一回事。2012 年，希格斯玻色子的发现引起了极大的轰动，它可能是最著名的一个例子。希格斯玻色子为物质粒子提供质量，其他玻色子携带着允许物质粒子相互作用的力量。玻色子并不珍奇，事实上，我们每时每刻都能看到它们，毫不夸张地说：光子是携带电磁力的玻色子。

玻色子的特点是它们可以毫无限制地挤在一起。它们会变成实际意义上的集体粒子，一种被称为玻色-爱因斯坦凝聚态的物质状态。我们可以在实验室里制造玻色-爱因斯坦凝聚态。我们现在知道，只要有正确的玻色子，就没有什么能阻止它们在更大的尺度上形成某种东西。一些物理学家甚至认为玻色-爱因斯坦凝聚态可以形成恒星，当然，不是我们知道的那种。

当正常物质形成一颗恒星时，重力压强会将其加热，从而引发核聚变，产生大量的光。相反，玻色子恒星却像一个吃多了甜甜圈的"宅男"，在宇宙中待着不动。模拟表明，如果玻色子恒星像普通恒星那样旋转，离心力将使它变成甜甜圈的形状。

这些"宇宙甜甜圈"是透明的。它们本身不发光，我们也就看不见它们，而使它们暴露出来的主要原因，就是它们的强引力。听起来是不是很熟悉？

玻色子恒星的概念并不新鲜，但天体物理学家对此嗤之以鼻，因为即使用来传输基本作用力的光子等粒子都不能构成恒星，没人能想到还有什么样的玻色子可以制造玻色子恒星。后来，希格斯玻色子的发现重新激起了人们对新玻色子的兴趣。能够形成玻色子恒星的一个主要候选粒子是轴子，它是一种假设出来的可能形成暗物质的超轻粒子——天文学家认为暗物质是一种神秘的黏合剂，能够将星系黏合在一起。

我们该如何寻找玻色子恒星存在的证据？引力波可能会有所帮助。当两个天体合并且仍然在余波中震荡时，一颗新的玻色子恒星将具有与黑洞不同的频率。经过 5 年左右的升级，激光干涉引力波天文台或许能够有足够精度分辨出其中的差别。

事件视界望远镜可能会更快地提供清晰的图像，尽管在是否容易区分黑洞和玻色子恒星图像的问题上，大家的意见并不统一。法国巴黎天文台的弗雷德里克·文森特（Frédéric Vincent）的计算表明，致密玻色子恒星的引力会使其周围的光发生弯曲，形成一个可能被误认为是黑洞视界阴影的空白区域。

卢西亚诺·雷佐拉认为这种分析过于悲观。就像黑洞一样，玻色子恒星会从它的周围吸进物质，但是玻色子恒星的透明性质意味着可以从它的中心看到物质。它也可能升温并开始发出光或其他形式的电磁辐射。

消灭黑洞可能有大量的潜在好处。黑洞既体现了广义相对论与量子理论之间的矛盾，又构成了追求自然的大统一理论路上的巨大障碍。

那么暗物质又是什么呢？

我们知道，暗物质不可能仅仅是基于质子、中子和电子的普通物质，以某种方式隐藏在一层黑色的涂层中。如果宇宙中所含的普通物质比我们今天所知的要多得多，那么在早期宇宙诞生后的几分钟内，被高密度打包的质子和中子就会聚变，形成比我们所看到的更高比例的氦。暗物质肯定是别的什么物质。

通常的猜测是它是某种新的弱相互作用粒子，所以光直接穿过它。已建立的粒子物理标准模型中没有这样的粒子，但各种各样的扩展理论中有。可能的选项包括长期处于领先地位的弱相互作用大质量粒子和轻得多的轴子。

暗物质甚至可能不是一种粒子——它也有可能以宇宙早期形成的原始黑洞的形式存在。

9

探索星系

　　宇宙中有数十亿个星系，从只有几百万颗恒星的不起眼斑点到巨大的椭圆星系，浩瀚的银河系只是其中一个。我们看到有些大星系正以慢动作进行碰撞；还有些在密集成群的星系团中，为我们揭示出暗物质的性质。几乎所有的星系都有一个超大质量的黑洞。

本地物质

我们所在的本星系群是一个田园牧歌式的据点，从宇宙的角度看，几乎算不上一个村庄。在周围几百万光年的距离内，有三个星系——银河系、仙女星系和三角星座的小旋涡星系，此外还有大量的矮星系。

最近的研究显示，本星系群的星系可能曾经通过超新星爆炸产生的星风交换了大部分物质。最近的模型显示，大型星系中现有物质的大约50%是被这些星风从100万光年之外的地方吹过来的。像我们这样的大星系往往会从规模较小的"邻居"（比如附近的麦哲伦星云）那里抢走物质，你体内一半的原子可能就属于这种"星际闯入者"。

要离开我们的"村庄"到达最近的"镇子"，你必须进行一次6000万光年的旅行。室女座星系团是由1000多个星系聚集而成的。就像其他大型星团一样，室女座星系团沐浴在稀薄的、温度约为3000万开尔文的超高温气体中。在星系团中，有一个巨大的椭圆星系M87，质量大约是银河系的100倍。相对于有充分气体供应、不断形成明亮新恒星的旋涡星系，椭圆星系是死气沉沉的，其中很少有新恒星形成。

如室女座这样的星系团可以说是宇宙中最大的物体，不过这取决于你对"物体"的定义。我们可以在宇宙中标绘出比星系团大得多的结构，例如超星系团和巨洞，但这些只是太空中的简单图案，会随着宇宙的膨胀而变形。相比之下，星系团相对独立，它们被自身的引力束缚。也就是说，星系们沿星系团内部的轨道转动，并作为一个整体在对抗宇宙膨胀。

1933年，弗里茨·兹威基（Fritz Zwicky）在研究离地球约3亿光年的后发座星系团中的星系时，对它们的快速运动感到困惑。可见物质的引力不足以

把这些高速运动的星系束缚在星系团中，这促使兹威基提出某种暗物质的存在——几十年后，薇拉·鲁宾（Vera Rubin）的观测支持了这一观点。鲁宾的观测发现，旋涡星系的外层区域旋转得过快也是出于同样的原因。现在，人们认为暗物质提供了吸引气体所需的引力，为星系的形成提供了帮助。但是一些星系似乎是由暗物质主导的，这令人困惑。这方面的纪录保持者是蜻蜓44星系，它的质量和银河系差不多，但恒星数目只有我们的1%，它的成分中99.99%是暗物质。天文学家至今还不知道这些暗星系是如何形成的。

星系敢死队

别惹银河。大力神星座中一个昏暗的星系潜入我们的星系，却被引力撕裂，饱尝了惨痛的教训。

大力神矮星系现在距离地球46万光年，这个距离几乎是银河系最明亮的卫星星系——大麦哲伦云距离我们的3倍远。大力神矮星系的恒星分布在广阔的太空中，这表明银河系的引力将它们彼此拉开。

纽约哥伦比亚大学的安德烈·库珀（Andreas Küpper）和凯瑟琳·约翰斯顿（Kathryn Johnston）以及他们的同事利用观测到的星系恒星的位置和速度，推断出大力神星系在太空中的下落轨迹。他们计算出，这个昏暗的星系距离银河系中心最远的时候是60万光年，最近的时候只有16 000光年。这比已知的任何其他卫星星系距银河系中心都更近，甚至比我们还要近。

根据计算机模拟，这个星系的最后一次穿越旅程是致命的。5亿年前，当大力神星系接近银河系时，银河系的物质侵占这个矮星系。这些额外物质的引力将这个星系的恒星和暗物质拉向它的中心。然后，当大力神星系远离银河系

中心时，恒星和暗物质反弹，导致它的爆炸，形成现在这种膨胀的状态。如今，相较于彼此之间的引力，大力神星系中的恒星更"效忠"于银河系，它们是如此分散，以至于不再感受到原来的"兄弟姐妹"的引力。

尽管如此，这些恒星仍在沿着相似的轨迹运动，就像从同一架飞机上跳下的一群伞兵。凯瑟琳·约翰斯顿估计，当这个星系下次冒险向我们靠近时，人们会发现它可能以一股恒星流的形式飞速掠过。

变形

2014 年，哈勃太空望远镜发现了 6 个朝着星系团的方向移动的旋涡星系，

图 9.1　当一个旋涡星系在离星系团特别近的时候，它可能会变成一个如图所示的天空中的"水母"

它们正在被撕裂，变成了有着斑点状的身体和由发光恒星组成的卷须的水母星系。这一发现大大增加了已知水母星系的数量，有助于研究人员更好地理解星系是如何转变的。

我们知道星系团中包含的椭圆星系的数目比旋涡星系要多得多，这意味着新加入的旋涡星系正在以某种方式发生转变。夏威夷大学檀香山分校的哈拉尔德·艾柏林（Harald Ebeling）认为，水母星系可能正好捕捉到了这个过程。

在星系团中，星系之间的空间充满了灼热的高温气体。这意味着当新的星系加入一个星系团时，它们不可能悄无生息地溜进其中。当新成员到达时，星系团中的热气体撞击冷气体，将冷气体通过长长的气流喷射出去。裸露的新恒星会形成斑点的形状，而冷气体被压缩，温度升高到足以点燃新恒星，构成了"水母的触手"。

2005年末，哈拉尔德·艾柏林和他的同事出乎意料地捕获了他们的第一个水母星系。从那时起，他们就一直在哈勃太空望远镜拍摄的图像中寻找更极端的例子。然而，直到2014年，这样的转变过程也只在相对邻近的星系团中发现过几次。这可能是因为变化的过程太快了，一旦一个旋涡星系的冷气体被剥离，它就不会再经历另一次剧烈的转变。

对水母星系的详细研究可以帮助探索星系团的另一个神秘特性：为什么星系团中含有不属于任何特定星系的相对年轻的孤星。星系团内部的气体温度太高，不可能坍缩形成新的恒星，因此恒星一定来自外部，可能就来自"水母的触手"。

网中的蜘蛛

人们发现，矮星系以散布在隐形的网中的一团团气体为食，就像宇宙中

的蜘蛛一样。而在宇宙形成的早期，似乎也是同样的过程促进了恒星的诞生和星系的成长。

星系通过吞噬宇宙网（一种由冷气团组成的巨大网状物）而扩大的想法已经存在了一段时间，最近的模拟实验使这种观点更加流行。模型显示，当气体云落入星系的引力控制时，它们会引起恒星形成的爆发，但是这个过程很难被观测到。我们能看到的银河系和附近的大多数星系都充满了热气体，这些气体会加热接近的物质，防止它们坍缩成恒星。而且，由于星际空间中的冷气体团自身不怎么发光，所以它们很难被探测到。

2015 年，加那利群岛天体物理研究所的豪尔赫·桑切斯·阿尔梅达（Jorge Sanchez Almeida）领导的一个研究小组观测了一组既小又暗且金属（比氢和氦重的元素）比例低的星系。他们能够推测出这些星系盘中的氧含量是如何变化的。研究发现，这些星系中明亮的恒星形成区域的氧含量大约只有其他位置的十分之一。这种迹象说明，为恒星形成提供动力的是新进入星系的气体。他们因此得出结论：这些气体必须是最近才加入的，因为任何古老的气体在几亿年内都将失去其独特的化学特征，被搅拌成均匀的糊状物。沿着宇宙网移动的气体团可以用于解释这种新的恒星形成活动，以及这些星系存在的原因。

宇宙冲撞

星系团为我们提供了有关暗物质的第一条线索，我们目前正在研究星系团之间的碰撞，试图弄清楚这种神秘的物质到底是什么。

我们认为暗物质大约占宇宙物质的 83%，但显然它拒绝与普通物质相互

作用，除非通过引力。一些研究人员试图通过改变引力定律来消除暗物质，但是对子弹星系团（由位于 37 亿光年外的两个碰撞的星系团组成）的观测表明，这是行不通的。通常情况下，暗物质和普通物质都混合得非常好，以至于无法将它们区分开来。但是当这两个星系团相撞时，它们之中的星系从彼此身边滑过，留下了一串相互作用的热气体。我们通过引力效应能间接观察到，暗物质仍然留存在星系之中。这表明暗物质是一种物质，而不是一种对引力的调节，它的粒子不像原子和分子那样因为有相互作用而互相反弹。

对其他星系碰撞的研究表明，暗物质可能通过一种新的、只对暗物质起作用的力与自身发生相互作用。然而在 2015 年，美国航空航天局的钱德拉 X 射线天文台对 30 个相互碰撞的星系团进行了新的观测，结果表明，当星系碰撞时，暗物质会畅通无阻地继续沿着自己的轨道运动，不受周围任何其他暗物质的影响。也就是说，暗物质根本不会与自身发生相互作用。但这一结果并不排除一种非常微妙的新型力的存在。通过分析其他几千个碰撞的星系团，天文学家们将进一步研究暗物质的性质。

明亮的黑

一团巨大的冷气体云飘浮在空无一物的太空中，这片死气沉沉的黑暗甚至比背景的深空更加幽深。然后，一股纤细的物质无来由地向它冲来。这股喷流撞上了云层，压缩了它的物质，引发了一场恒星形成的风暴。曾经休眠的气体云现在变成了一个星系。由一个超大质量黑洞喷射的物质所引起的爆发——这会是星系诞生的原因吗？

自从 20 世纪 60 年代中期类星体被发现以来，黑洞和星系之间的联系——

尤其是二者哪个先出现的问题，一直困扰着研究人员。类星体所释放的光和其他辐射是整个银河系的 100 倍，而它们覆盖的区域并不比我们的太阳系大。这么小的天体却释放出那么惊人的能量辐射，这只能通过一个吸入了周围的气体和尘埃，且质量为太阳几百万到几十亿倍的黑洞来解释。被吸收的物质旋转并形成一个圆盘，被加热后释放出强烈的辐射，使其比其他任何物质都要明亮。还有一些其他类型的**活动星系核**，如射电星系和塞弗特星系，虽然没有类星体那么明亮，但仍然有非常高的能量，而且它们似乎都是黑洞吞噬物质的结果。

一段时间以来，许多研究人员认为超大质量黑洞只在如此罕见的活跃星系中发现，说明它们很有趣，但对整个宇宙来说无关紧要。然而，随着大多数星系（即便不是全部）都被发现存在超大质量黑洞，这种观点发生了改变。它们一直以来隐藏着，是因为在大多数星系中（包括我们自己的星系），黑洞缺乏燃料，因此处于休眠状态。

这些天体和它们的母星系之间有着明确的关系。旋涡星系的中心有恒星核球，这是星系中最古老的大块组成部分。这些核球的质量一直是它们中心黑洞的 1000 倍左右，对整个星系都是核球的椭圆星系来说，这种情况同样成立。这表明核球和黑洞的成长是相互影响的。在 80 亿到 100 亿年前，恒星形成和类星体活动都在同一时期达到顶峰，这便是进一步的证据。

与周围的星系相比，即使是超大质量的黑洞也变得无足轻重了，因此不可能指望它们有多大的影响力。有没有可能核球首先形成，然后黑洞按照核球的大小成长呢？但是黑洞的重量是可以超过核球的。一些理论学家认为，核球和黑洞是同时增长的，当黑洞最终变得足够大时，黑洞吸积盘的风和辐射吹走了剩余的所有气体，从而限制了核球的大小。

还有一种更激烈的可能性。许多活跃星系中的黑洞能向两个相反的方向喷射线状喷流（见第 8 章）。这些喷流能够以接近光速的速度推进，冲出周围的星系，穿越数百万光年，进入星系际空间。

2009 年，法国原子能委员会（French Atomic Energy Commission）萨克雷研究中心的大卫·艾尔巴兹（David Elbaz）领导的一个研究小组报告了一颗名为 HE0450-2958 的不寻常类星体及其喷流的研究结果。HE0450-2958 位于 50 亿光年之外，是唯一已知的裸露类星体——一个没有被星系包裹的超大质量黑洞。

利用位于智利的甚大望远镜上的红外仪器，这个研究小组有了一个惊人的发现。类星体的喷流像激光束一样刺入一个 23 000 光年外的星系。这个星系富含明亮的年轻恒星，恒星的形成速度相当于每年 350 个太阳，比预期的该地区星系的形成速度高出 100 倍。

这个研究小组认为，类星体喷射实际上触发了这个星系的诞生。他们认为 HE0450-2958 最初是一个超级大质量黑洞，它从星际空间吸进气体，直到变成类星体。它一直在增长，直到大约 2 亿年前的一个关键时刻，它开始释放喷流。其中一束喷流撞上了气体云，在气体云中引发冲击波。这触发了恒星形成，形成了我们现在看到的星系。这与标准的星系形成理论截然不同，传统观点认为，星系首先形成，超大质量黑洞紧随其后。

艾尔巴兹团队清楚他们的想法一定会引起争议，所以他们检查了是否有其他的原因可以解释这种类星体和星系之间的联系。首先，他们考虑了 HE0450-2958 曾经被从星系中踢出去的可能性。有模拟结果表明，当两个星系合并时，它们的中心黑洞有可能相互作用，其中一个会被抛入星际空间。然而，如果这个类星体的喷流之一和它被弹出的方向一致，则这巧合实在有点可

疑。我们并没有发现在过去的几亿年间有星系合并的证据，而且要想逃离一个和我们的银河系的质量一样大的星系，它的速度必须达到每秒 500 千米，但是这个类星体的移动速度要慢得多。事实上，类星体的低速意味着它最终会落入它所创造的星系，并在星系的中心占据一席之地。

我们可能已经看到了恒星形成之前的阶段，在类星体的旁边有寒冷的一氧化碳气体云。此外，超大质量黑洞在宇宙历史早期已经达到了它们的最大质量，这也成为支持大卫·艾尔巴兹理论的证据。这表明，在星系形成之前曾有一个时期，超大质量黑洞已经成长并统治了宇宙。

如果是这样的话，那么超大质量黑洞又从哪里来呢？对类星体的观测表明，在大爆炸后的 10 亿年内，重达 100 亿个太阳质量的巨大黑洞已经形成了。多年来，天体物理学家们一直在困惑，它们是如何能迅速地成长为如此庞大的巨兽的。

一种观点认为，它们是由小得多的黑洞发展而来的。当一颗恒星到达生命终点并坍缩时，它会形成小黑洞。在一个超高密度的恒星团中，其中几个小黑洞可能会合并形成一个巨大的黑洞。这个黑洞吞噬气体，继续生长。但是反对这个观点的人指出，仅仅在大爆炸后的最初 10 亿年里，恒星质量的黑洞根本没有足够的时间合并成足够大的黑洞。

另一种观点涉及超大质量恒星的形成。如果这样的恒星曾经形成，它的质量会特别大，其核心的核燃烧所产生的热量不足以对抗试图粉碎它的重力，因此整个恒星会立刻坍缩成一个超大质量的黑洞。博尔德市科罗拉多大学的米切尔·比奇曼（Mitchell Begelman）对这种图景进行了详细的研究。根据他的计算，超大质量黑洞的种子会在超大质量恒星内部形成，最终这些非同寻常的恒星的外层会爆炸，露出隐藏在其中的黑洞。为了验证这个想法，我们不得不寄希望

于下一代望远镜。

进击的绿色发光体

想象一下，你在夜间长途跋涉，抵达了一个远离任何文明痕迹的遥远沙漠地带。你登上一座小山，却惊奇地发现了一座闪烁着人造灯光的建筑物。

2007 年人们发现哈尼天体（Hanny's Voorwerp）时，也曾有过这样的疑惑。哈尼天体是飘浮在星际空间中的一种奇怪的气体云，它比 3 万个太阳还要亮，但是没有明显的能量来源。至今，我们已经发现了 19 个这类的云团，无一例外都是在没有内部能量供应的情况下发光。

这些云团可能是被附近的巨型黑洞激发的，来自黑洞的强烈辐射曾经将它们炸开。这种联系让人兴奋，因为这意味着这类云团可能是用来探测那些神秘巨兽般的黑洞生长和进食习惯的极好的新途径。

哈尼天体是由普通的学校老师哈尼·范·阿克尔（Hanny van Arkel）发现的，当时她是"星系动物园"市民科学项目中负责星系分类的志愿者。她注意到一个奇怪的斑点，在她正在检查的假彩色图像中呈现出强烈的蓝色，于是就给"星系动物园"项目的研究人员发了邮件。"Voorwerp"在荷兰语中的意思是"东西"，这是哈尼·范·阿克尔的母语。

出于好奇，研究人员针对该天体安排了新的望远镜观测。该天体的光谱显示，它发出的光来自被电离（丢掉了一些电子）的氧，使它真实的颜色呈现出某种绿色。云中的其他元素也被电离了。电离所有这些气体需要大量的能量，但没有任何迹象表明有能量来源的存在。来自炽热年轻恒星的辐射或许可以电

离云中的氧，但不能电离氖：如果没有大量的 X 射线照射，氖是不会像在哈尼天体中看到的那样在紫外波段闪耀的。

这表明有一个巨大的黑洞参与其中。我们认为，大多数星系的核心都有一个黑洞；在许多情况下，物质螺旋进入黑洞就会产生大量的 X 射线。

在距离这片发光的星云大约 4.5 万到 7 万光年处，有一个名为 IC 2497 的星系，其核心的一个黑洞可以轻易地用 X 射线轰击哈尼天体。但仍有个问题——IC 2497 的核心并没有发出 X 射线的迹象。

2008 年，"星系动物园"团队得出结论：在成为我们看到的 IC 2497 不到 10 万年之前，该星系的黑洞吞下了一顿大餐，并发出了大量 X 射线。由于 X 射线到达云团需要时间，所以当哈尼·范·阿克尔看到时，仍然有些 X 射线刚刚到达并激发云层发光——尽管那时黑洞早已安静下来了。

通过吞噬气体，黑洞在数万年的时间里究竟会发生多大的变化？在这方面我们掌握的证据仍然甚少。研究人员热衷于了解黑洞的"进食习惯"，这种被称为"吸积事件"的"暴饮暴食"对它们的周围环境有着巨大的影响。例如，通过加热和驱逐形成新恒星所需的气体来阻止星系的生长。

但我们尚不清楚哈尼天体在黑洞行为中有什么代表性。从那时起，专业的研究人员开始和"星系动物园"的志愿者们一起工作，他们发现了许多类似的天体——在星系附近发光的气体云团。虽然那些星系的黑洞看起来很安静，但它们可能在过去轰击过这些云团。

大多数新发现的云团附近都有一个星系正在与另一个星系相互作用或合并。这与黑洞轰击的解释相吻合，因为这样的碰撞往往会使松散的气体云震动，随后进入星际空间，成为黑洞 X 射线照耀的目标。

这也表明哈尼天体并不是一个怪物。显然在整个宇宙中，黑洞都在向周

围的环境猛烈开火，然后迅速平静下来，就像闪光灯一样消失了。

宇宙之网

随着天文学家们用越来越灵敏的望远镜做巡天观测，他们开始辨别宇宙的结构。今天的星系和星系团，尽管本身已经是巨大的天体，却可以排列组成巨大的弦和名为超星系团的结点。有时这些结构又可以连接在一起，形成名为"墙壁"的特征。在最宏大的尺度上，宇宙就像一个由物质组成的宇宙网，围绕着相对空旷的空间，如同海绵一样。

这种网状或泡沫状结构与计算机模拟结果一致。计算机模拟的初始点是一个几近平滑的宇宙，在那里，暗物质的重量约为普通物质（由中子、质子和电子组成）气体的 5 倍。绘制空洞的图像可以提供给我们一种新的方法，用来探测被称为"暗能量"的排斥性物质（见第 10 章），这种物质会影响空洞的表面形状。到目前为止，一切顺利。

但是，随着我们对宇宙的观测越来越清晰，天文学家们开始辨认比以往看到的更大的结构。在附近的宇宙中，我们知道了斯隆长城的存在;在 2014 年，银河系被发现是一个名为拉尼亚凯亚超星系团系统的一部分。这两个结构都十分巨大。2016 年，天文学家们找到了在 50 亿光年外的博斯（BOSS）长城，它的总质量大约是银河系的 1 万倍。它比斯隆长城或者拉尼亚凯亚超星系团还要大三分之二，包含了 830 个我们能看到的星系，可能还有更多的星系因为距离太远、光线太暗而无法用望远镜观测到。

> ### 最大的星系是什么？
>
> 根据标准的星系形成模型，最大的星系是由许多较小星系碰撞而形成的"巨兽"——椭圆星系。已知的最大椭圆星系是透镜形状的 IC 1101，在 10 亿光年之外的 Abell 2029 星系团的中心。IC 1101 的直径接近 600 万光年，是银河系体积的数千倍。

追随哥白尼

事实证明，这些不断增长的墙壁、空洞，以及其他有迹象存在的巨大结构很麻烦。自从地球在群星中的位置并不特殊这一革命性的观点被哥白尼提出以来，天文学家们已经把它认作基础理论。这一观点演变成了宇宙学原理：宇宙中没有任何地方是特殊的。当然，在太阳系、星系和星系团的尺度上有相互独立的斑块，但如果把视角拉得足够远，宇宙就应该是均匀的，不会有超过 10 亿光年的巨大超星系团或空洞。假设宇宙平滑的方便之处在于，我们可以更容易地用爱因斯坦的广义相对论来为整个宇宙建模。

然而，宇宙中的巨大空洞并不支持这一假设。2015 年，夏威夷大学马诺阿分校的伊斯范·斯扎布迪（Istvan Szapudi）和他的同事们发现了宇宙中有一个近 20 亿光年宽的洞。研究小组将这片广阔的区域称为超级空洞，并相信它可以解释宇宙微波背景图中巨大冷斑的存在，这曾让天文学家困惑了十多年。

超级空洞只是个小麻烦。早在 2012 年，由英国中央兰开夏大学的罗杰·克洛斯（Roger Clowes）领导的一个研究小组就声称发现了一个巨大的结构，它的长度超过 40 亿光年，是超级空洞的两倍多。它也不再是一片空荡荡的荒地，反而特别拥挤。它被称为巨型超大类星体群，包含 73 个类星体——非常遥远

的星系中明亮、活跃的中心区域。自 20 世纪 80 年代初以来，天文学家就知道类星体往往集聚出现，但此前从未发现过如此大规模的类星体群。

2015 年，一个匈牙利天文学家小组发现了一组巨大的伽马射线暴（见第 10 章）。这次爆发所在的星系似乎形成了一个直径 56 亿光年的环，相当于整个可见宇宙尺度的 6%。

来自另一个维度的入侵者

虽然上文提到的爆发环和类星体群的可靠性一直存在争议，但仍有一些研究人员认为，这些宇宙巨型结构指向了一些根本性的新事物，其中就包括加拿大萨斯喀彻温大学的理论物理学家雷纳·迪克（Rainer Dick）。他提出了一个惊人的大胆假设：这些巨型结构是其他维度入侵我们世界的第一个证据，他们在我们原本平滑而均匀的宇宙背景上留下了肮脏的足迹。

几十年来，许多理论家都把额外维度的存在看作是调和爱因斯坦广义相对论与 20 世纪物理学另一个堡垒——量子理论——的最大希望。这是两个看似毫不相干的概念，一个用于解决极大尺度上的物理问题，另一个则针对极小的尺度。二者结合起来将产生我们通常说的万物理论，一种能够描述整个宇宙的一切尺度的理论框架。M 理论是万物理论中一个流行的候选者，它是弦理论的一个扩展。该著名理论认为，我们生活在一个 11 维的宇宙中，其中有 7 个维度因为卷曲得太紧以至于无法被我们看见。这是一个优雅的、在数学上具有吸引力的理论框架，拥有许多有影响力的支持者。但它缺乏能够被验证的可靠预测。雷纳·迪克对于名为膜理论的泛弦理论的研究可能提供了这样一个预测。

膜理论的核心思想是，我们所感知的宇宙是一个单一的四维膜，飘浮在类似的其他多维度的膜组成的海洋中。根据雷纳·迪克的计算，相邻的膜与我

们的膜重叠时会产生影响，使得用**红移**测量的距离出现偏差。超级空洞和其他巨型结构可能是因为距离测量偏差而造成的海市蜃楼。

红移，蓝移

测量非常遥远的天体距离的其中一种方法是借助于一种名为宇宙红移的效应。来自遥远天体的光在不断膨胀的空间中传播了很长一段时间，而膨胀的空间将光的波长拉长到更红的波段。天文学家们用光谱仪将天体发出的光分解，以揭示其独特的光谱线。天体离得越远，它看起来后退得就越快，谱线移动得就越多。

如果用数字表示，红移等于波长差除以原始波长。所以我们看到的一个红移为 1 的天体发出的光，其波长是它发射时波长的 2 倍；一个非常遥远的红移为 9 的物体，它的光被拉伸了 10 倍。

当光克服引力传播时，或者当天体远离我们时，也会产生红移。后者被称为多普勒频移，也会以另一种形式出现：天体在朝向我们移动时（比如仙女座星系），会出现蓝移。

⑩

闪光和碰撞

从整个宇宙中，我们看到了标志着巨星死亡和暗星碰撞的闪光。其中一些闪光来自那些可见的最明亮、最遥远的事件，也正是它们让我们有机会洞察宇宙的本质。

黑暗崛起

某种神秘的力量正在推动宇宙的分裂。我们不知道它是什么。它无处不在，我们却看不到它。它占据了宇宙中超过三分之二的能量，但我们完全不知道它从哪里来，也不知道它是由什么构成的。我们仅能为这种物质起一个令人回味的名字：暗能量。

直到 20 多年前，我们还认为宇宙的膨胀速度会减缓。但是在 1998 年，天文学家们分析了遥远的 Ia 型超新星的亮度，得出的结果让他们感到震惊（见第 6 章）。超新星爆发有一个大致已知的固有亮度，因此它们可以用作标准烛光：看上去越暗，它就越远。许多超新星爆发出乎意料的昏暗，暗示着它们的位置比预期的要远得多。在某种程度上，空间似乎已经开始加速膨胀，好像正被一种对抗物质引力的排斥力向外推动（见图 10.1）。

我们还可以肯定，暗能量是点燃物理学家创新思想的绝佳燃料。他们眼中的暗能量有成百上千种奇异的形式，其中最平淡无奇的是宇宙常数。即便如此，宇宙常数也已经足够疯狂，它是空间固有的能量密度，在爱因斯坦的广义相对论中制造了排斥性引力。随着空间的膨胀，它会越来越多，它的排斥力强于因为物质日益分散而减弱的引力。为了解释加速度，我们需要一个大约为 1 焦耳每立方千米的宇宙常数。这是所有暗物质和正常物质总和的两倍。

借助在不确定的量子真空泡沫中出现和消失的虚粒子，粒子物理学似乎为真空空间应该有自己的能量的原因提供了一个解释。但这个理论存在的问题是，上述这些粒子的能量密度太高了——根据最简单的计算，每立方千米的能量大约是 10^{120} 焦耳。

超新星

遥远的 Ia 型超新星比预期的更昏暗，说明它们离我们更远。

微波背景辐射

当只有物质引力时，宇宙应该是弯曲的。大爆炸的余晖上的图样表明宇宙是平的。

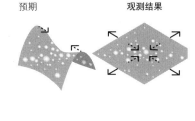

引力透镜

遥远星系的图像被前景物质扭曲的程度比预期的低。似乎有某种排斥力阻止物质聚集。

声波印记

声波在早期宇宙中扩散，为超星系团提供了一个典型尺度。遥远的超星系团看起来比预期的小，说明它们离我们更远。

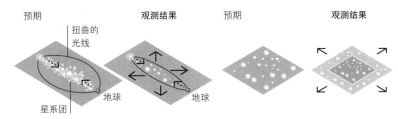

图 10.1　有证据表明，某种东西正在加速宇宙的膨胀

　　这种灾难性的差异为其他理论敞开了大门。暗能量或许是一种"精质"：一个假想的弥漫在空间中的能量场，随时间变化，甚至可能在不同的地方聚集。它也可能是一种不同类型的引力，在长距离内会互相排斥。还有很多更神秘的说法，比如暗能量是由量子信息的丢失或者是波长比可观测宇宙大万亿倍的无线电波引起的。

　　知道暗能量是否随着时间变化，将有助于了解暗能量的本质。如果它是随着时间变化的，那么宇宙常数至少可以被排除了。在大多数精质模型中，能量随着空间的伸展而慢慢稀释；虽然在某些模型中，它实际上会因为宇宙膨胀

增强。在大多数经过修改的引力理论中，暗能量的密度也是可以改变的。它甚至可以上升一段时间然后下降，反之亦然。

宇宙的命运就悬在这种平衡之中。如果暗能量保持稳定，宇宙的大部分将加速远离我们，让我们永远留在一个与世隔绝的宇宙孤岛上。如果暗能量增强，它可能最终会把所有的物质都撕裂，甚至连当下的空间结构也会变得不稳定。基于对超级新星的观测，我们目前最好的估计结果是暗能量的密度相当稳定。也有一种说法是它在轻微地增长，但由于其中的不确定因素太大了，我们还不必为此担心。

现在，天文学家正付出巨大的努力以更精确地确定暗能量的行为。有一些项目——例如暗能量巡天，正在广阔的天空中寻找暗能量的些许迹象。他们正在捕捉更多的超新星，绘制数以百万计的星系的位置，以揭示来自大爆炸的远古声波残留，并通过宇宙时间计算星系团的数量，这些星系团应该以不同的方式受到过暗能量的影响。

一群更引人注目的"暗能量猎手"将在几年内开工建造，包括专门执行空间任务的欧几里得（Euclid）卫星，以及新一代的巨型望远镜：大口径全天巡视望远镜（LSST, Large Synoptic Survey Telescope）、30 米望远镜（Thirty Meter Telescope）、欧洲特大望远镜（European Extremely Large Telescope）和巨麦哲伦望远镜（Giant Magellan Telescope）。

几乎没有人认为搜寻会很快结束。我们困惑了 20 多年，至今仍对暗能量的身份毫无头绪。但好的一面是，我们确实找到了一些可以告诉我们在哪里能找到线索的线索。

采访：我们发现了一个宇宙之谜

亚当·里斯（Adam Riess）与布莱恩·施密特（Brian Schmidt）、索尔·珀尔马特（Saul Perlmutter）因发现宇宙膨胀正在加速而获得 2011 年诺贝尔物理学奖。里斯现在供职于同在马里兰州巴尔的摩市的约翰霍普金斯大学和太空望远镜科学研究所。2011 年获奖后，《新科学家》杂志采访了他。

首先祝贺你。你是什么时候、在哪里听到获奖消息的？

谢谢你！我那时在家，早上 5 点半，我正想睡觉。我的儿子只有 10 个月大，他睡得不好。接到电话的时候，我正希望他能睡着。那一刻简直一片混乱。

你、施密特和珀尔马特发现了什么？

我们分成两组，观测了附近和远处的超新星，并用它们来推断宇宙在历史上不同时期的膨胀量。我们断定，宇宙的情况与我们的预期相反，它的膨胀并没有减速，而是在加速。

你当时在加州大学伯克利分校工作，而珀尔马特的团队也在伯克利，你们之间有竞争吗？

竞争非常激烈。我们都知道彼此在搜集同样的而且是第一次被搜集的数据。我们都不想成为第二名，也不想落后太远以至于无法参与其中。我时常会看到他们。我们甚至进行了一点社交活动。索尔好心地为我在劳伦斯伯克利国家实验室（他现在仍在那里工作）安排了一个停车位。我会走下山去（加州大学）伯克利分校上班。

爱因斯坦曾认为，时空具有一种不随时间变化的内在能量密度，这被称为宇宙常数，但后来他把这个概念称为他的"最大错误"。你的工作是对他的一种辩护吗？

这是爱因斯坦广义相对论的惊人胜利。即使过去了几十年，当我们在宇宙中看到非常奇特的现象时，我们还可以把它们完全纳入理论之中，他的理论甚至可以预料到它们。

可就在不久前，诺贝尔奖甚至还不考虑授予天文学和天文观测领域。

确实。我当然可以指出过去宇宙学中一些完全值得诺贝尔奖的发现：探测宇宙膨胀或宇宙尺度，以及表明存在暗物质或某种额外引力的观测结果。这些是我们理解物理的基础。

你只有41岁，下一步是做什么？

嗯，这周还有文学奖和经济学奖有待颁发。我只是开个玩笑（笑）。在得知获得诺贝尔奖之前，我还有几个有趣的项目正在进行中，我将继续这些工作。它们涉及哈勃太空望远镜以及我们在更近的范围内测量距离的方法。

射电星

快速射电暴（FRBs）是宇宙中最难以理解的现象之一：强大的射电信号在遥远太空中闪烁几毫秒，然后便消失得无影无踪。它们被归因于从黑洞到外星智能的一切。

由于它们爆发的时间太短暂，而且射电望远镜每次只能观测一小块天空，迄今为止，我们只探测到18次快速射电暴事件。其中，只观测到一次重复辐射：FRB 121102。

2017 年，一个天文学家小组终于发现了这种重复爆发。纽约康奈尔大学伊萨卡分校的沙米·查特吉（Shami Chatterjee）和他的同事们使用卡尔·央斯基甚大阵（Karl G. Jansky Very Large Array）、新墨西哥州的 27 台射电望远镜以及欧洲甚长基线干涉网络（VLBI Network）的 21 台望远镜追踪到了快速射电暴。这些观测网络加在一起可以获得比任何单碟射电望远镜都要高得多的分辨率，该团队定位快速射电暴的精确度是之前探测的 10 万倍。

这使得他们能够清楚地将快速射电暴与一颗暗淡的矮星系联系起来，这个矮星系的直径大约是银河系的十分之一，距离地球超过 25 亿光年。

知道快速射电暴从何而来，我们就可以排除许多关于它起源的解释。由于这次快速射电暴如此遥远，所以它一定非常活跃和明亮。这意味着，我们所见过的其他快速射电暴也不太可能像一些人所设想的那样来自我们的近邻。尽管 FRB 121102 有可能是特殊的一个，而大多数快速射电暴则是与之完全不同的非重复的类型。

关于快速射电暴的起源，有一些奇特的解释：爆炸的微观黑洞，以及暗物质团块与黑洞的碰撞。对于 FRB 121102 来说，有一种略显平淡的解释：它的重复性爆发来自一个活动星系核。但沙米·查特吉更喜欢的解释是，FRB 121102 和伴随它的稳定射电辐射是由超新星残骸被一颗年轻的、快速旋转的中子星激发而形成的。由于快速射电暴的宿主星系与那些能产生最亮超新星的异常暗弱的星系相似，所以这种假设是很有吸引力的——尽管还远未得到证实。

黑洞的婴啼

20 世纪 70 年代首次发现的伽马射线暴（GRB），似乎每天都会在天空中

的随机位置出现一次。它们在几秒钟内释放的能量可能比太阳在预期 100 亿年的寿命中释放的还要多。

最短的爆发通常持续不到一秒，我们现在已知是由两颗中子星合并引起的。长时间的爆发会持续几秒到几分钟，被认为是大质量恒星的核心坍塌爆炸时发生的。这种长时间爆发被观测到与非常明亮的超新星爆炸同时发生。2008 年，编号为 GRB 080319B 的一次爆发几乎可以用肉眼看到，尽管它离地球有 75 亿光年之远。

理论认为，在长时间的伽马射线暴时，超新星爆炸会以接近光速的速度喷出物质，并在这个过程中释放出大量的辐射。当喷流恰好指向地球时，它们会向我们发送一束窄窄的射线，其中大部分是由于喷流的极端速度而被多普勒频移到伽马射线的频率。

我们还不清楚在爆炸的核心处发生了什么。如果这颗恒星坍缩成一颗具有强大磁场的快速旋转中子星（称为磁星），它可能会猛烈地搅动周围的物质来产生喷流。另有一种可能性是，如果恒星坍缩形成一个黑洞，黑洞与螺旋式进入黑洞的物质的相互作用也可能产生喷流。不管是哪种情况，黑洞或中子星的巨大转动能量被认为是喷流的动力。

区分这两种可能性的方法之一是测量爆炸的总能量。旋转天体的能量取决于它的质量。中子星能达到的质量是有限的，否则它会坍缩成黑洞。而黑洞的质量没有限制，因此它们能提供比中子星更多的能量。

2010 年，美国航空航天局戈达德航天中心的布拉德利·琴科（Bradley Cenko）和他的同事分析了费米伽马射线太空望远镜探测到的四次最亮的伽马射线暴。

其中最强大的一次爆发被称为 GRB 090926A，它在喷流中释放了大约 1.4×10^{45} 焦耳的能量。中子星的总能量应该不超过 3×10^{45} 焦耳，而其中只有

一小部分能量进入喷流。因此，研究人员认为这次以及其他三次爆发，一定是由黑洞引起的。不过，加州大学圣克鲁斯分校的斯坦·伍斯利（Stan Woosley）指出，这个结论可能只适用于最强的伽马射线暴，而磁星的诞生可以为较弱的伽马射线暴提供动力。

由于伽马射线暴可以从很远的地方观测到，一些天文学家便想利用它们来探索宇宙早期膨胀的历史，它们或许还能帮助我们了解暗能量的行为。在这成为可能之前，我们必须更好地理解它们，这样才能通过分析其辐射波动的方式计算出任何爆炸的固有亮度。

如果运气不好，我们自己的星系中发生了指向地球的伽马射线暴，那将是一场严重的灾难。人们初步认为，伽马射线暴与地球上的大规模灭绝有关。然而另一方面，它们也可能催化了基因突变，帮助生命实现了多样化。

空间震动

我们对天空的所有知识几乎都是通过电磁辐射获得的。数千年中，人类利用可见光进行观测；在过去的一个世纪里，人类利用仪器探测无线电、红外线和紫外线、X射线和伽马射线。中微子是一个例外——它们让我们确定太阳中心的反应堆仍在工作，不久以后它们可能被用来探测活跃星系的核心。

2015年，一种非常不同的信号终于被发现：通过接收引力波（时空的拉伸和挤压），激光干涉引力波观测台（LIGO）实验观测到了两个黑洞在大约13亿光年之外发生的碰撞。进行该合作实验的三位领导者雷纳·韦斯（Rainer Weiss）、巴里·巴里什（Barry Barish）和基普·索恩（Kip Thorne）获得了2017年的诺贝尔奖。

2015 年 9 月 14 日，激光干涉引力波观测台在华盛顿州汉福德和路易斯安那州利文斯顿的两个天文台接收到了这一信号。波形的细节显示出两个分别为太阳质量的 36 倍和 29 倍的黑洞是如何相互环绕并最终融合为一个黑洞的过程。

这一消息在全世界的物理学家和天文学家中引起了轰动。引力波让我们能够探索基础物理，研究宇宙中最奇怪的天体，甚至可能回望宇宙最早期的时刻。

自那时起，激光干涉引力波观测台已经从更多碰撞的黑洞中接收到引力波，意大利比萨附近的室女座引力波探测器（Virgo）也发现了其中一个信号。有了第二个探测器，天文学家就能更精确地确定信号源的方向，这有助于他们在未来追踪任何光线或其他辐射。

第二对正在合并的黑洞的质量大约是太阳的 8 倍和 14 倍——这符合天体物理学家对恒星核心坍缩产物质量的预期。但还存在为 25～35 倍太阳质量的黑洞群体，在激光干涉引力波观测台实验开始之前，我们对这个群体一无所知。

2017 年 8 月，激光干涉引力波观测台第一次看到了中子星碰撞所产生的引力波。这一事件发生在 1.3 亿光年之外，曾被其他天文学家发现过。地球和太空中大约有 70 个望远镜和观测站同时转向长蛇座的同一位置，探测伽马射线暴和可见的余晖。

这证明了中子星的合并可以引起短时间的伽马射线暴。天文学家也第一次看到了重元素的形成，大约有 1 个地球质量的黄金从爆炸中被抛出，同时被抛出的还有包括铀、钍和铅在内的其他元素。

随着更多信号的到来，我们应该能够对整个宇宙的历史和组成成分有新的认识。将几个黑洞的并合结合起来看，可以帮助我们理解暗能量的本质。从信号的形状（波的频率和波量的上升和下降）中，我们可以辨别出合并事件所涉及黑洞的大小，并确定事件源头的振动有多强。将它的真实强度与激光干涉

引力波观测台探测到的微弱振动进行比较,我们就能知道它与我们之间的距离。结合标准望远镜的观测,我们可以知道在引力波到达我们的这段时间内空间是如何膨胀的,从而为我们提供了一种测量暗能量对空间影响的方法。

其他类型的探测器可能会出现。欧洲空间局正在计划研制一种巨大的太空探测器——新型激光干涉空间天线(eLISA)。包括两个超大质量黑洞碰撞时发出的波在内,它可以接收更长的波。它的技术已经在"空间激光干涉仪探路者"(LISA Pathfinder)这一预备任务中进行了测试。

未来,我们可能会使用接收波长比激光干涉引力波观测台更短的探测器,它们或许能让我们感觉到来自非常年轻的宇宙的原初引力波。这些波应该是产生于暴涨时期(大爆炸后最初几秒钟里爆发出的巨大增长)。这样的观测甚至可能为宇宙的大统一理论指明方向。曾经,四种基本力统一为一种力;随着宇宙的膨胀和冷却,这些力在一系列至今仍不为人所知的事件中相互分离——引力波也许就能够探测到这些事件。

我们在宇宙中所看到的最遥远的天体是什么?

也许令人惊讶,最远距离的纪录保持者(截至 2016 年 3 月)不是哪个强烈的伽马射线暴或特亮类星体,而是一个小星系——GN-z11。它的红移是 11.09,比任何其他已知天体的红移都大得多。

如果你想知道这意味着多少光年,答案并不那么容易得到。一种测量方法是计算光在宇宙中旅行的时间:GN-z11 发出的光已经旅行了 134 亿年。但是,自那束光出发时起,宇宙就一直在膨胀,这就一切变得不一样了。在宇宙学家们使用的几种不同的测量距离的方法中,最接近直觉概念的可能就是固有距离。按照这个标准,GN-z11 星系距离我们的地球大约有 320 亿光年。

结语

即使乘坐接近光速飞行的宇宙飞船，我们能走的路程也是有限的。宇宙正在加速膨胀，以越来越快的速度把本就遥远的天体拖到更远处。我们今天所看到的最远的星系、类星体和伽马射线暴，早已经抵达我们无法触及的地方。初生宇宙的余晖——那些在宇宙微波背景中被标记出来的特征，如今已经成为距离我们更加遥远的星系团和超星系团。

因此，在旅行结束后，我们将不得不回家，转而穿越时间去探索：到那遥远的未来去。在那里，太阳死去，银河系和仙女星系发生了碰撞，大部分可观测宇宙被拖出了宇宙视界，变得看不见了。如果我们等得足够久，我们甚至可能会发现暗能量是什么。

话题热点

本章节不仅仅是普通的热点清单，更可以帮助你更深入地探索宇宙这个主题。

4 件可做可看的事

1. 走进黑暗。城市的灯光和污染抹去我们大多数人头上的夜空，但你不需要走多远就能找到一个更好的地方。点击 http://www.darksky.org/idsp/reserves/，就可以游览官方的黑暗天空保护区、公园和社区，比如德国中部的伦山（Rhön）以及世界上第一个暗天之岛——萨克岛（Sark），位于英国诺森伯兰郡的基尔德森林（Kielder Forest），甚至拥有自己的公共天文台（https://www.kielderobservatory.org/）。或者你可以尽量远离俗丽的人类文明。

2. 如果你身在一个足以看到银河的黑暗地带，那么请躺下来，让自己相信它只是数百万颗恒星累积的光，这些恒星比我们在地球上能清楚看到的那些要远得多。然后寻找两颗行星或一颗行星和它的卫星来探寻太阳系的平面，直到你感到眩晕。

3. 留心流星雨。8 月的英仙座流星雨是最强、持续时间最长的流星雨之一，它将持续许多天。你所看到的每一束光都来自斯威夫特·塔特尔彗星的碎片，它们以每秒 58 千米的速度进入地球上层大气，不断升温。

4. 如果你想在火星上漫步，但又没有数十亿美元的资金支持，那么加拿大的德文岛（Devon Island）可能是你的理想之地。它寒冷、干燥、气候恶劣，几乎是火星的翻版，就连美国航空航天局也在那里进行火星探测技术的实验。冰岛高地也是一个可供选择的"伪火星基地"。

10 处值得观光的历史古迹和现代天文台

1. 位于波兰托伦市的哥白尼博物馆。在这里，你可以了解到这位提出了日心说并为科学革命奠定基础的天文学家的许多情况。

www.visittorun.pl/301,l2.html

2. 在瑞典和丹麦之间的文岛上，坐落着重建的第谷·布拉赫天文台。第谷的详细观测给开普勒提供了数据，让他能够推导出行星运动定律。

www.tychobrahe.com/en/

3. 位于英国林肯郡的伍尔索普庄园是另一位科学革命英雄的故乡。1665年瘟疫袭击剑桥时，牛顿爵士在家中避难，在这里研究可以改变物理和数学面貌的科学问题。

www.nationaltrust.org.uk/woolsthorpe-manor

4. 位于英国伦敦的格林尼治皇家天文台。乔治·艾里（George Airy）在这里用望远镜的准线定义了地球的本初子午线，即零度经线。天文中心和大赤道望远镜是该天文台的另两件珍品。

www.rmg.co.uk/royal-observatory

5. 位于乌兹别克斯坦撒马尔罕市的兀鲁伯天文台遗址。该天文台建于14世纪20年代，里面的三个巨大的天文仪器直到1908年才被发掘出来。目前可参看联合国教科文组织的世界遗产网站。

www3.astronomicalheritage.net/index.php/show-entity?idunescowhc=603

6. 夏威夷莫纳克亚山顶上的天文仪器群，其中包括两台口径10米的凯克

望远镜。详细情况和观星指南可参考莫纳克亚游客信息网站。

www.ifa.hawaii.edu/info/vis/visiting–mauna–kea/visitor–information–station.
html

7. 另一组惊人的望远镜群坐落在名字很美的穆查丘斯罗克天文台，位于西班牙加纳利群岛中拉帕尔玛岛的最高点。

www.visitlapalma.es/en/recursos_culturales/observatorio–astrofisico–roque–
de–los–muchachos/

8. 英国柴郡卓瑞尔河岸天文台的洛弗尔望远镜已经使用了 60 多年，但它仍然是世界上第三大的全动式射电望远镜，仅次于美国的格林班克望远镜和德国的埃菲尔斯伯格望远镜。可参考卓瑞尔河岸天文台探索中心网站。

www.jodrellbank.net/

9. 阿塔卡玛大型毫米波天线阵（ALMA）是一组最灵敏的亚毫米波探测射电盘阵列，位于干燥的智利阿塔卡玛沙漠的海拔 5000 米处。为了降低让人头痛的风险，拉西拉天文台的望远镜在同一片沙漠海拔仅 2400 米的位置。

www.almaobservatory.org/en/outreach/alma–observatory–public–visits/

10. 同样位于阿塔卡玛沙漠的欧洲极大望远镜也可以被列入参观计划。它目前正在建设中，预计到 2024 年，它将成为新一代巨型光学望远镜中最大的一个。它的主镜直径将接近 40 米。

www.eso.org/public/teles–instr/elt/

5 个天文数字

1. 太阳的体积约是地球的 130 万倍。

2. 在我们的星系中有数千亿颗恒星，在可观测的宇宙中，也有数千亿个星系。

3. 最亮的伽马射线暴可以短暂地达到 1 000 000 000 000 000 000 000（10 万亿亿）倍太阳的亮度，不过其中有 10 000 倍是因为它们的辐射集中于一窄束光线中。

4. 一些脉冲星的脉冲非常稳定，可以用来进行精准计时，其误差每 10 年不超过 1 微秒。

5. 太阳系围绕银河系中心运转一周大约需要 2.5 亿年，这个时间跨度有时被称为银河年或宇宙年。据此标准推算，地球大约只有 18 岁。

16 条深空语录

1. 太阳

高居于王座之上，得众星臣服，

星辰趋近它、向它坠落，

它不允许星辰笔直地穿越无尽的虚空，

只以它自己为中心，使它们在静止的椭圆中加速。

——埃德蒙·哈雷

2. 数十亿、数十兆吨超热爆炸的氢原子核缓慢地从地平线上升起，看上去却很小、很冷，还有点潮湿。

——道格拉斯·亚当斯（Douglas Adams），

《生命，宇宙以及一切》

3. 该死的太阳系。糟糕的光、太遥远的行星、纠缠着的彗星、浅薄的发明……我自己可以创造个更好的。

——弗朗西斯·杰弗里（Francis Jeffrey），

苏格兰法官和评论家

4. 在太空中使用探测器就像摘除了白内障。

——汉尼斯·阿尔文（Hannes Alfvén），

瑞典诺贝尔物理学奖得主

5. 太空并不遥远。如果你的车能直开上云霄，只要一个小时的车程。

——弗雷德·霍伊尔（Fred Hoyle），英国天文学家

6. 从地球到星星没有捷径可走。

——小塞内加（Seneca the Younger），

罗马哲学家、剧作家和幽默家

7. ……一颗子弹在我们和星星之间差不多要旅行七十万年的时间。即使在晴朗的夜晚看着星星的时候，我们也不能认为它们离我们头顶几英里远。

——克里斯蒂安·惠更斯（Christiaan Huygens），

荷兰数学家和科学家

8. ……我们把自己的灾难归责于太阳、月亮和星星，仿佛我们是迫不得已的坏人，是被上天强迫的傻瓜，做恶棍和小偷是受了天体运行的影响，做醉鬼、说谎者和通奸者也是被什么星球所操纵……

——威廉·莎士比亚（William Shakespeare）

9. 星星是宏伟的实验室，是巨大的坩埚，这是任何化学家都无法想象的。

——亨利·庞加莱（Henri Poincaré），

法国数学家、科学家和哲学家

10. 最初对恒星和其他天体的光进行光谱研究的一个重要目标，是探索宇宙中是否普遍存在与我们地球上相同的化学元素。我们得到了最满意的肯定答

案：宇宙到处都存在并显示了一种通用的化学。

——威廉·哈金斯（William Huggins），英国天文学家

11. 尽管人类的预期寿命都差不多，但恒星的预期寿命却有着从蝴蝶到大象般的差异。

——乔治·伽莫夫（George Gamow），
乌克兰理论物理学家和宇宙学家

12. 风琴嘟嘟叫，赋格曲很华丽，开普勒的音乐能读懂大自然的乐谱。（Organs Blaring And Fugues Galore, Kepler's Music reads nature's score.）

——第五章中恒星光谱序列的助记词

13. 天气不好的下午，发酵的葡萄会让理查德·尼克松夫人保持微笑。（On Bad Afternoons, Fermented Grapes Keep Mrs Richard Nixon smiling.）

——另一首恒星光谱序列的助记词

14. 我们发现它们越来越小，越来越暗，数量也在不断增加。我们知道自己正在向太空进发，越来越远，越来越远，直到用最强大的望远镜能够探测到的最暗弱的星云，我们到达了已知宇宙的边界。

——埃德温·哈勃，美国天文学家

15. 努力理解宇宙是为数不多的能把人类生活升华到稍稍超越闹剧的水平并赋予它一些悲剧意味的优雅事情之一。

——史蒂文·温伯格（Steven Weinberg），

诺贝尔物理学奖得主

16. 宇宙很大，真的很大。你只是不相信它有多么浩瀚和广阔，它大得令人难以置信。我的意思是，你可能认为沿着马路走到药店就已经很远了，但那对宇宙来说只是九牛一毛。

——道格拉斯·亚当斯

5 个像星际气体一样冷的笑话

1. Why does a carbonaceous chondrite taste better than a chunk of limestone? It's a little meteor.

为什么碳质球粒陨石尝起来比一块石灰石味道好？因为它是一颗小流星。

2. Why isn't the Dog Star laughing? It's Sirius.

为什么天狼星不笑？因为它很严肃。（"天狼星"的英文"Sirius"与"严肃"一词"serious"读音相近。）

3. How does the man in the moon cut his hair? Eclipse it.

月亮上的人是怎么剪头发的？被天狗吃掉。

4. I was up all night wondering where the sun had gone and then it dawned on me.

我彻夜未眠，不知道太阳到哪里去了，然后拂晓到来，我恍然大悟。（"dawn"一词同时有"破晓"和"开始明朗、领悟"两种意思。）

5. Why is there no Nobel prize for astronomy? It would only be a constellation prize.

为什么没有诺贝尔天文学奖？因为那将是一群人的奖。（"constellation"一词同时有"星座、星群"和"一群人"两种意思，而诺贝尔奖每个奖项的获奖人数不能多于三人。）

5个观星者的故事

1. 一丝不苟的天文学家第谷·布拉赫在一次决斗中失去了他的鼻子，于是他用一个金属鼻子代替。人们曾经认为他的假鼻子是由银或金制成的，但2012年一份对他遗体的分析报告称，那实际上是由黄铜制成的。

2. 第一个发现暗物质证据的人——弗里茨·兹威基，曾经让他的助手在帕洛玛天文台射击步枪，看看是否能用海尔望远镜跟踪子弹的轨迹。

3. 1962年，两名法国天文学家兴奋地发现一颗恒星突然开始发出与钾元素相关的明亮光谱线。他们知道曾有其他恒星出现同样的行为。这难道是一颗新型的钾耀星吗？最终，这颗"耀星"被证明离地球过于近了：观测站工作人员点燃香烟的一根火柴。

4. 莱曼·斯皮策（Lyman Spitzer）提出了"太空望远镜"的概念，美国航空航天局的斯皮策太空望远镜就因他而得名。然而，他同时也以登山者的身份接近天空。在加拿大北部的巴芬岛上，他成为第一个登顶托尔山北脊的人。1976年，64岁的他征服了新泽西州普林斯顿大学校园里最高的建筑——克利夫兰塔，他这一举动吓了校方一跳。

5. 伽利略的著名格言"*eppur si muove*"（"然而它在移动"）据说是在1633年罗马对他的异端邪说进行审判时发表的，当时他被强迫否认哥白尼的日心说。没有任何证据表明他真的说过这句话，或许是他死后才被赋予了这种反抗的行为。他被切下的中指保存在佛罗伦萨的伽利略博物馆，对于正直的他来说，这可能会被认为是不礼貌的行为。

5 种网络资源

1. 一个关于所有天文知识的优秀博客：www.armaghplanet.com/blog/。

2. 简明扼要的太空探索与天文学知识网站——美国航空航天局官方网站：www.nasa.gov/。

3. 天空地图：www.skymaponline.net/。

4. 观看我们太阳系的运行：https://theskylive.com/3dsolarsystem。

5. 通过对星系进行分类为天文学做出贡献：www.galaxyzoo.org/。

名词表

吸积（Accretion）： 通过引力积累物质的过程。

活动星系核（Active galactic nucleus）： 在许多星系中发光的中心天体，由超大质量黑洞的物质吸积提供动力。包括赛弗特星系、类星体和射电星系等几种类型。

天文单位（Astronomical unit，AU）： 地球和太阳之间的半均距离，约为 1.5 亿千米。

黑洞（Black hole）： 根据广义相对论，天体完全引力坍缩的结果：一个时空区域，被一个叫作视界的边界所规定的区域，没有任何东西可以从中逃脱。

彗发（Coma）： 从彗核吹出的尘埃和气体形成的大致呈球状的明亮区域。

日冕（Corona）： 太阳大气的外层，温度超过 100 万开尔文。

宇宙射线（Cosmic rays）： 太阳系外的高能带电粒子。

暗物质（Dark matter）： 一种不可见物质，被认为是星系和星系团运动的原因，是宇宙中普通物质的重量的 5 倍。

矮行星（Dwarf planet）： 围绕恒星公转的天体，其质量足以克服它自身的引力而达到近乎球形，没有清除它轨道周围的其他天体，同时也不是卫星。

食（Eclipse）： 一个天体挡住另一个天体的部分或全部光线（如日食或行

星凌日），或一个天体在另一个天体上投射阴影（如月食即是地球的阴影投射在月球上）。

椭圆星系（Elliptical galaxy）: 没有旋臂也几乎没有新恒星形成的圆形星系。

球状星团（Globular cluster）: 由成千上万颗围绕银河系或其他星系运行的恒星组成的球状天体群。

喷流（Jet）: 通常由黑洞或其他密度大的天体喷射出的一种高速、狭长的物质流，有时接近光速。

柯伊伯带（Kuiper belt）: 包括冥王星在内的海王星之外的冰环。

本星系群（Local group）: 由银河系、仙女星系、三角座星系和几十个矮星系组成的松散星系群，直径约为1000万光年。

光度（Luminosity）: 一个天体的总辐射量。

麦哲伦云（Magellanic Clouds）: 环绕银河系的两个不规则矮星系。

【月】海（Mare）: 来源于拉丁语中的"海"一词，指月球表面因撞击形成的巨大黑暗的洼地，也指土卫六"泰坦"上实际存在的海洋。

金属（Metal）: 在天文学中指除了氢和氦之外的所有元素。

分子云（Molecular cloud）: 星际云的一种，它的温度和密度足以形成氢分子；它们通常是恒星形成的地方。

中子星（Neutron star）: 某类超新星爆炸后的超高密度残留物，主要由中子组成。

奥尔特云（Oort cloud）: 被认为是环绕在太阳系周围的一个巨大的由冰

组成的环，长周期彗星的发源地。

等离子体（Plasma）：一种高温电离气体。完全电离的等离子体由自由电子和自由原子核组成。它是大多数普通恒星的主体，也形成了许多稀薄的星际介质。

类星体（Quasar）：一种非常明亮的活动星系核。

红巨星（Red giant）：恒星生命的一个阶段，此时恒星核心的核聚变停止，恒星外壳膨胀和冷却，内核收缩。

红移（Redshift）：天体的谱线向光谱的红端移动的现象。可能是由于光源远离观测者，或者由于空间的膨胀，或者由于光穿过引力场。

星风（Stellar wind）：从恒星大气中喷出的等离子体。

超新星遗迹（Supernova remnant）：超新星爆炸释放出的气体，可以形成发光数千年的星云。

超大质量黑洞（Supermassive black hole）：质量是太阳的数百万到数十亿倍的黑洞。这种黑洞几乎存在于所有大型星系的中心。

凌日（Transit）：一个天体经过另一个天体的表面。

海外天体（Trans-Neptunian object）：在海王星之外围绕太阳旋转的天体。

白矮星（White Dwarf）：不再进行核聚变的中等质量致密恒星。